大数学家讲故事

李毓佩
数学童话

数学小子杜鲁克

李毓佩 著

北方联合出版传媒(集团)股份有限公司

春风文艺出版社

·沈阳·

图书在版编目（CIP）数据

李毓佩数学童话.数学小子杜鲁克 / 李毓佩著. ——
沈阳：春风文艺出版社，2023. 11
　　（大数学家讲故事）
　　ISBN 978-7-5313-6520-4

　　Ⅰ.①李… Ⅱ.①李… Ⅲ.①数学—少儿读物 Ⅳ.
①O1-49

中国国家版本馆CIP数据核字（2023）第165605号

北方联合出版传媒（集团）股份有限公司
春风文艺出版社出版发行
沈阳市和平区十一纬路25号　邮编：110003
辽宁新华印务有限公司印刷

选题策划	赵亚丹	责任编辑	刘　佳
责任校对	陈　杰	绘　　画	郑凯军
封面设计	金石点点	幅面尺寸	145mm×210mm
字　　数	71千字	印　　张	4.5
版　　次	2023年11月第1版	印　　次	2023年11月第1次
定　　价	25.00元	书　　号	ISBN 978-7-5313-6520-4

目录

杜鲁克飞了

　　杜鲁克是个聪明又调皮的小男孩儿，今年10岁，上四年级。"杜鲁克"这个名字是他舅舅给他起的。他的舅舅在美国杜克大学读研究生，他觉得杜克大学不错，首先取了"杜克"两个字，又觉得小男孩儿应该"鲁"一点儿，就在杜克的中间加了一个"鲁"字。杜鲁克最喜欢数学，脑子也快，解数学题是把好手，人送外号"数学小子"。

　　杜鲁克，真是名如其人哪！他还真有点儿"鲁"，不但鲁，而且脑子里经常产生一些奇思妙想。这不，展览馆在广场举办热气球展览，各种颜色的热气球，各种造型的热气球，大大小小的热气球多了去了。杜鲁克一进展览馆就东瞧瞧，西看看。胖胖的大熊猫造型的热气球杜鲁克喜欢，绵羊造型的热气球他也看不够。

　　突然，一个超大的宇宙飞船造型的热气球吸引了杜鲁克，他站在热气球下面想，我一直想当宇航员，有朝一日能飞上太空，今天我能不能乘着这艘宇宙飞船热气球飞上天？他晃悠着脑袋紧张地想，眼珠在眼眶里足足转了有二百多圈，嗯，我没多重，这么大的热气球把我带上天应该没问题！说干就干！

杜鲁克趁管理员不在，想解开系气球的绳子，当他走近看，绳子下面有一把电子密码锁。不知道密码，休想解开绳子。杜鲁克再仔细一看，发现在密码锁旁边有一行小字：

密码为 AAAA，六位数 2AAAA2 能被 9 整除。

看到这行小字，杜鲁克乐了，他心想，有提示就好办。如果一个数能够被9整除，那么它各位数字之和必然是9的整数倍。反过来，如果一个数的各位数字之和是9的整数倍，它也必然能够被9整除。

"我先求2AAAA2各位数字之和。"杜鲁克在纸上做了个简单的运算：

$$2 + A + A + A + A + 2 = 4 + 4A = 4(1 + A)$$

4不是9的倍数，要想$4(1+A)$是9的整数倍，只可能$1+A$是9的倍数。又因为A是一位数，所以$1+A$必然是9。$1+A=9$，$A=8$。密码是8888。

杜鲁克按下密码，绳子果然解开了。他迅速把绳子捆在自己的腰上，只听嘣的一声，热气球带着杜鲁克直冲天空。

"哈哈！我真的飞起来了!"杜鲁克向下面参观的人群招招手，"再见啦！我要到宇宙去旅行了!"

"啊!"在场的观众都惊讶地抬起头，望着渐渐变小的杜鲁克，不知所措。

飘在天上是很刺激的：

白云从身边飞过——

"呀——"的一声，一只苍鹰从头顶上掠过——

"嘎，嘎——"一群天鹅从脚下飞过——

"呜——"一艘大型喷气客机，从远处风驰电掣般地驶过……

飘哇，飘哇，也不知飘了多长时间，也不知飘出去多远的路程，热气球开始往下落了。杜鲁克高兴了，因为他的肚子早饿得咕咕叫了。

糟糕，砸着王子了

由于热气球没有了热源支持，下落的速度加快了。杜鲁克紧张地望着降落的地点，突然他大喊一声："不好，下面有人！"说时迟，那时快，热气球急速朝那个人落去。

砰！杜鲁克带着热气球重重地砸在了那个人身上。

"哎哟！"那人大叫了一声，倒在地上。

杜鲁克知道自己闯了祸，赶紧解开捆在身上的绳子，把那人扶了起来，嘴里还不停地说："对不起！对不起！我不是有意的，都是热气球惹的祸。"

这个人站了起来，他的装束把杜鲁克吓了一跳。只见他上穿古代王子的大红紧身王子衣，下穿白色裤子，脚蹬长筒马靴，披着一件猩红色的斗篷，头戴王冠。

杜鲁克赶紧一抱拳："请问您是哪国王子？"

这个人也抱拳还礼："我是爱数王国的王子，人们都叫我'爱数王子'。"

杜鲁克哈哈一笑："咱俩是哥们儿，我外号叫'数学小子'！王子和小子天生是一对，是铁哥们儿！哈哈——"

杜鲁克傻乐，可是爱数王子却一脸的忧愁。杜鲁克弄不明白了，他说："我说爱数王子，我都乐成这样了，你怎么不高兴呢？"

"唉！我高兴不起来呀！"

"怎么回事？"

"一言难尽。"爱数王子说，"我们这个地方有两个相邻的王国，一个是爱数王国，另一个是鬼算王国。鬼算王国的鬼算国王昨天邀我和他一起打猎。当走到这荒无人烟的地方时……"

"怎么样？"

"鬼算国王突然抢走了我手中的弓箭和战马，让我给他解一道他一直解不开的数学题，如果我解不出来，就必须把爱数王国交给他统治！"

"这是强盗逻辑！你解出来了吗？"

　　爱数王子摇摇头："我虽然叫爱数王子，也特别喜欢数学，可是数学一直没学好。他出的题太复杂，我一听题，脑袋都大了，更别说解了。"

　　"你不妨说给我听听。"

　　"鬼算国王说，他把饲养的兔子总数的一半再加半只，分给他妻子；把他妻子分剩下的部分的一半再加半只，分给他的大王子；再把大王子分剩下的部分的一半再加半只，分给他的二王子；把最后剩下的部分的一半再加半只，分给他的公主，兔子就全部分完了。当然，他分给他们的兔子都是整只的。他让我算算，他的妻子、大王子、二王子、公主各分得几只兔子。"

杜鲁克晃晃脑袋:"这题目还真够绕的。"

爱数王子瞪大了眼睛问:"关键是每次分的时候,都还加半只兔子,可是每人分得的都是整只的。这半只兔子怎么分哪?真的是把兔子劈成两半?"

杜鲁克摇摇头:"半只兔子是蒙人的。这类题的特点是,总数不知道,分的最后结果知道,咱们就从最后结果出发,一步步往前推。老师告诉我们,这种方法叫作'倒推法',意思就是从后往前推。"

爱数王子想了一下,说:"最后结果是,把最后剩下的部分的一半再加半只,分给他的公主,兔子就全部分完了。"

"对!"杜鲁克点点头,"由于每人分得的兔子必须是整数,而每次都需要加半只才能得整数,说明每次分的兔子数一定是奇数。"

"让我想想。"爱数王子拍着前额,"最后剩下的部分的一半再加半只,分给他的公主,兔子就全部分完了……这最后剩下的部分的一半只能是半只,否则不能分完哪!"

杜鲁克竖起大拇指，夸奖说："王子聪明！接着往下分析。"

"半只加半只，公主分得了1只兔子。这1只实际上是二王子分完以后剩下的部分。可是这二王子分得多少可怎么算呢？"爱数王子卡壳了。

"推理呀！咱们分析过，每次分剩下的一定是奇数，大王子剩下的一定是3只兔子。因为3只的一半是1只半，再加上半只正好是2只，这说明二王子分得了2只。大王子剩下3只，分给二王子2只，剩下1只正好给了公主了。"

"对，对！"爱数王子高兴得直拍手，"我也会算了，鬼算国王妻子分剩下的一定是7只。7只的一半是3只半，再加上半只正好是4只，这说明大王子分得了4只，剩下3只。"

"你接着算。"

"鬼算国王总共饲养了15只兔子，分给妻子8只，大王子4只，二王子2只，公主1只。"

杜鲁克在地上列了一个算式：

$$8 + 4 + 2 + 1 = 15$$

然后啪的一声，用力拍了一下爱数王子的肩膀："你算得完全正确！"

这时，爱数王子拉起杜鲁克就走。杜鲁克问干什么去，爱数王子说："既然算出来了结果，咱们去找鬼算国王算账去！"

真假爱数王子

爱数王子拉着杜鲁克一路小跑往前赶，冷不丁从路边蹿出两个鬼算王国的士兵，一个长得又高又瘦，手里拿着一杆长枪，站在那儿活像一根竹竿；另一个却长得又矮又胖，活像一个大南瓜，手举一柄大刀。两人齐声高喊："站住！你们是什么人？"

杜鲁克大摇大摆地向前走了两步："连我们你也不认识呀？这位是大名鼎鼎的爱数王子，我是名震中外的数学小子。"

拿大刀的胖士兵上下打量着杜鲁克："爱数王子我们倒是听说过，你这位数学小子可是闻所未闻哪！"

"你们是少见多怪、孤陋寡闻、井底之蛙……"说着杜鲁克拉起爱数王子就往前走。

"什么，什么？什么是井底之蛙？"胖士兵不明白。

杜鲁克没好气地说："井底之蛙就是说，你是井底下的一只胖胖的青蛙，没见过世面。"

"站住！"拿长枪的瘦士兵把长枪一横，"刚才已经来过了一个爱数王子，怎么又来了一个爱数王子？你这个爱数王子一定是假的！"

"大胆！"爱数王子剑眉倒竖，手指瘦士兵喝道，"我堂堂爱数王子怎么会有假？你把那个假冒我爱数王子的家伙叫来对质！"

"这……"瘦士兵显得十分为难。

突然，随着一阵嗒嗒嗒清脆的马蹄声，从竹林后面走出一匹白马，马上坐着一个少年，穿着打扮和爱数王子一模一样，一样的大红紧身王子衣，一样的两侧有金色宽条线的白色裤子，脚蹬一样的长筒马靴，披着一件一样的猩红色的斗篷，头戴一样的王冠，腰间佩带一柄一样的镶着宝石的剑。只是他长得尖嘴猴腮，不像好人。

来人大模大样地说："你要找爱数王子？我就是。"说完翻身下马，"找我有什么事？"

爱数王子一看，火冒三丈："你敢冒充本王子，真是吃了熊心豹子胆，看本王子怎样收拾你。"说完

铮的一声拔出了腰间的佩剑，剑指假爱数王子的心窝，大喊一声："看剑！"

这位假爱数王子功夫也很了得，只见他上身轻轻往旁边一闪，让过剑锋，一回手铮的一声，也拔出了腰间的佩剑。两人也不搭话，你来我往打在一起，两柄宝剑犹如两条长蛇在空中飞舞，煞是好看。

"好！"杜鲁克大喊一声。杜鲁克本来就爱好体育，特别爱看击剑格斗，今天看到了真正的格斗，怎么能不兴奋？

爱数王子真是好身手，只见他手腕一抖，剑锋立刻画出一个碗大的剑花，随即向假爱数王子刺去。换了平常人，眼前到处是刺来的剑锋，左躲也不是，右躲也不成，非被刺上不可。可是假爱数王子有功夫在身，此时并不惊慌。只见他一蹾双脚，身体立刻腾空而起，躲过爱数王子的剑锋。接着他身体在空中转了180度，来了个大头朝下，双手握剑，剑锋直指站在地面上的爱数王子，直冲下来。

假爱数王子这招十分厉害，吓得杜鲁克大叫："王子，留神头上！"

其实爱数王子早有准备，只见他来了个前滚翻，翻到两米以外，假爱数王子的剑锋扎了一个空。

一个回合下来，真假王子不分胜负。爱数王子大喊一声："看剑！"又挺剑进攻，第二回合又开始了。两人斗了足有三十个回合，仍不分胜负。

杜鲁克心想，不能总这样下去。爱数王子一天没吃饭了，又赶了一天的路，体力消耗很大，再打下去，恐怕要吃亏。怎么办呢？他的眼珠在眼眶里又足足转了有二百多圈："有啦！咱们不武斗，改为文斗。"

杜鲁克高举右手，大声叫道："真假王子停一停，听我说两句。现在是文明社会，不讲究打打杀杀的。"

假爱数王子怒气未消，用剑一指杜鲁克，问："你说怎么办?"

"既然两位都自称是爱数王子，那么数学肯定是顶呱呱了。我只是一名小学四年级的学生，我来出道数学题，请两位回答。"杜鲁克看两人都没说话，心想有门儿!

杜鲁克接着说："能答出来的当然是真的爱数王子，如果答不出来，那肯定是假的了。"

爱数王子听了杜鲁克的建议，低头不语，脸色显得十分阴沉。

杜鲁克问："你不敢试了?"

"谁不敢试了? 比就比，谁怕谁?"爱数王子咬牙答应了。

假爱数王子是个糊涂蛋

　　杜鲁克先看了看两位王子，然后用手一指假爱数王子："我出题你先来答。"

　　假爱数王子把脖子一梗："凭什么我先答？"

　　"你真傻！你没听说'先易后难'吗？我先出的题容易，后出的题难。给你便宜还不占？"

　　"好、好，我先答。"

　　"听好题。"杜鲁克清了清嗓子说，"前两天，我去参加射箭比赛，每人发给20支箭。如果箭射中靶子，得5分；如果箭脱靶，不但不得分，反而要扣掉3分。我20支箭全部射完，总共得了60分。你算算我有几支箭射中了靶子？"

　　假爱数王子毫不犹豫地答道："有60支箭射中靶子。"

　　"哈哈哈……"假爱数王子的回答让杜鲁克乐弯

了腰，"你是真逗，活活乐死人！"

假爱数王子不服气："中1支箭得1分，你得60分，不是射中了60支箭吗？"

"我让你好好听题，你就不听，我总共才有20支箭，怎么会有60支箭射中靶子？"

"那60分哪儿来的？"

杜鲁克心想，这个假爱数王子虽然武艺不错，可是对于数学他是一窍不通，是个糊涂蛋！

"你想知道这60分是怎样来的？我可以告诉你，但是你必须认输！"

假爱数王子心想，我就是不认输，也不会算哪！他说下一道题比这道题还难，那他爱数王子也照样答不上来。想好了，他大声说："你能给我讲明白了，我就认输！"

杜鲁克学着数学老师上课提问的样子，对假爱数王子说："如果给我的20支箭，我都射中了靶子，我应该得多少分呢？"

假爱数王子愣了一下，然后回答："射中1支箭得5分，你20支箭全射中，应该得5×20=100分。"

杜鲁克一点头："行！你还没糊涂到家。我再问你，我为什么没得100分，只得了60分呢？"

假爱数王子把嘴一撇："你的射技不精，有好多支箭脱靶了呗！这要是我射，箭箭不离靶心，稳拿100分！"

杜鲁克嘿嘿一乐："你先别吹牛，把这道题弄明白再说。实际上我只得了60分，少得了100-60=40分，你说我这20支箭中有几箭脱靶了？"

"这……"假爱数王子卡壳了，"脱靶的箭不但得不到5分，还要倒扣3分，这怎么算哪？"

"认输不？"

"认输……"

"认输就好！"杜鲁克脸上露出几分得意的微笑，"我给你讲讲吧！"

1支脱靶的箭，要扣除 $5 + 3 = 8$ 分。被扣除了 40 分，就是脱靶了 $40 \div 8 = 5$ 支箭。射中的支数是 $20 - 5 = 15$ 支箭。

"好！"爱数王子大声叫好，"数学小子讲得就是明白！"

杜鲁克问假爱数王子："你的数学这么差，说明你不是爱数王子，而是假冒的对不对？"

假爱数王子心悦诚服地点了点头："我的确不是爱数王子。"

杜鲁克又问："不是爱数王子，那你是谁？"

"我是……"他刚想说出答案，只听一阵急促的马蹄声由远而近，一队人马疾驰而来。

狡猾的鬼算国王

来的是一队骑兵。

"吁——"领头的黑马刚一停步，噌地从马上跳下一个国王打扮的瘦老头儿。

瘦老头儿一指假爱数王子说："他是我儿子鬼算王子！他还小，数学没学好，你有什么数学问题来和我过招吧！"

杜鲁克仔细打量这个瘦老头儿，只见他内穿黑色的国王服，脚蹬黑色的长筒马靴，披着一件黑色的斗篷，头戴皇冠，腰间佩带一把镶满钻石的宝刀。

爱数王子在一旁提醒："这就是想霸占我们国家的鬼算国王。"

鬼算国王微微一笑："不错，本王就是鬼算国王，你这个小孩儿是谁呀？"

"我是小学生杜鲁克，人送外号数学小子。"

鬼算国王一阵冷笑，这笑声十分难听，像深夜里猫头鹰的叫声，让人听起来全身起鸡皮疙瘩。笑过之后，他说："你既然叫数学小子，想必数学一定不错。你已经出题考了我的儿子，该我出题考考你了。"

杜鲁克毫不在乎："请出题!"

"好!"鬼算国王眯起眼睛说，"我让你算算我和我儿子的年龄。6年前我的年龄是我儿子的5倍，6年后我们父子年龄之和是78岁。请问，今年我们父子各多少岁?"

"6年后你们父子年龄之和是78岁，这6年你们父子的年龄各增加了6岁，那么你们父子今年年龄之和就是78-6×2=66岁。"

"不错!"

"6年前你们父子年龄之和就是66-6×2=54岁，这时你的年龄是你儿子的5倍，6年前你儿子是54÷(5+1)=9岁，现在是9+6=15岁，而你今年是66-15=51岁。对不对?"

"对，对，对极了! 嘿嘿!"鬼算国王说，"我51岁正当年，别看我瘦，啥病没有。可是爱数国王年老多病，现在重病在身，恐怕活不了多久了。"

"你胡说!"爱数王子愤然而起,"你不要诅咒我的父王!我父王的病很快就会好的!"

鬼算国王摇摇头,一声叹息:"咳!我说爱数王子,你的愿望是好的,可是你父王病得连床都起不来了。你又年幼,主持不了国家大事。我想帮你一把,爱数王国由我来暂时领导,我可是一片好心哪!"

爱数王子越听越气:"你鬼算国王每天都在算计别人,你就是想把爱数王国划归你统治。你还我的宝马,还我的弓箭!"

"哈哈——"鬼算国王又一阵大笑,"我要你的马和弓箭有什么用?我把它们存放到了非常保险的地方。"说完,他拉起鬼算王子,吩咐士兵,"走!咱们回去。"骑兵簇拥着鬼算国王父子俩，沿原路返回。

爱数王子急了，他大声叫道："鬼算国王，你把我的马和弓箭藏在了什么地方？"

"自己去找！"鬼算国王回头射来一箭，说时迟那时快，爱数王子一伸手就把箭接到手里。

"好身手！"杜鲁克高声喝彩。

箭上穿着一张字条，上面写着：

　　　　白马放在鳄鱼谷，弓箭藏在蟒蛇洞。

"啊！"看完字条杜鲁克不禁大叫了一声，"这是多么可怕的地方啊！"

爱数王子却十分冷静："再可怕的地方咱俩也要去，这里离爱数王国非常远，没有马咱俩是回不了爱数王国的。"

"先去哪儿？"

"先去鳄鱼谷，找回白马，然后再去蟒蛇洞，拿回弓箭。"

"走！"杜鲁克和爱数王子直奔鳄鱼谷。

勇闯鳄鱼谷

爱数王子带着杜鲁克左转右转，很快就来到了鳄鱼谷。鳄鱼谷地势非常险要，四面环山，中间一个大湖，湖中有一座小岛，爱数王子的白马就放在那座小岛上。白马见到了主人发出阵阵嘶叫。

杜鲁克奇怪地问："你来过鳄鱼谷？"

"嗯！这鳄鱼谷是鬼算国王开辟的私家动物园，里面的鳄鱼都是他养的宠物。他曾邀请我来参观过。"

湖里的鳄鱼发现有生人来到，纷纷从湖中爬上来，做好攻击的准备。杜鲁克吓得连连后退："快跑！快跑！"

爱数王子唰的一声拔出了腰间的佩剑，安慰说："不要怕，你不往前走，它们不会咬你。"

杜鲁克把前后左右都看了一遍，生怕从哪个角落里钻出一条大鳄鱼。

杜鲁克问："你知道这里有多少条鳄鱼吗？"

爱数王子一指旁边立着的一个木牌子："那上面写着呢！"

两人走过去一看，只见上面写着：

鳄鱼谷共有★■条鳄鱼。

已知：$★ + ★ + ■ = 35$

$■ = ★ + ★ + ★ + ★ + ★$

爱数王子直摇头："这上面又是五星，又是方块，这都是干什么的？"

"我猜想，鬼算国王十分狡猾，他不想把鳄鱼的数量直接写出来。他会数学，于是他编了一道数学题，把鳄鱼的数量藏在题目里。"

"这里除了有一个数35，剩下的都是五星和方块，这怎么算？"

"不难！"一说到解数学题，杜鲁克就来劲儿了，他蹲在地上连写带说，"第二个式子说明1个方块等于5个五星的和。在同一道题里有五星和方块两个未知数，这不好求。"

"那怎么办呢？"

"可以拿第二个式子的等量关系，把第一个式子中的方块换掉，让第一个式子中只有五星。这种方法叫作'代换法'，目的是把多个未知数代换成一个未知数。"说着杜鲁克在地上写了起来：

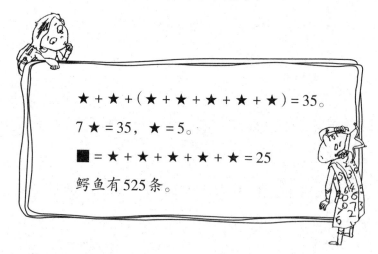

★ + ★ + (★ + ★ + ★ + ★ + ★) = 35。

7★ = 35，★ = 5。

■ = ★ + ★ + ★ + ★ + ★ = 25

鳄鱼有525条。

杜鲁克说："哇！有这么多呢！吓死人啦！王子，这些鳄鱼咬人吗?"

"怎么不咬人！"爱数王子愤怒地说，"这鳄鱼谷表面上看是鬼算国王的私家动物园，实际上是鬼算国王的监狱。他把反对他的人抓起来，放到这个湖中间的小岛上，周围几百条鳄鱼看着你。你在岛上不动还好，如果你想逃出小岛，只要你一跑，鳄鱼立刻就会扑上来，把你撕得粉碎！"

"哇！太恐怖了。"

"现在我的马也成了他的囚犯了，只要马一跑，这群鳄鱼会立刻一拥而上。可是没有马，咱俩也回不了爱数王国呀！"爱数王子发愁了。

杜鲁克的眼珠又转哪转，突然他一拍大腿："有主意啦！待一会儿，我到湖的东边，你去湖的西边。到时听我的口令，我撒腿就跑，众鳄鱼必然扑向我，而你赶紧叫你的马过湖到你的身边。怎么样?"

爱数王子还是一脸愁容："好虽然是好，只是你太冒险。这太危险了！"

"没事！"杜鲁克笑嘻嘻地说，"我是四年级的百米赛跑冠军，笨鳄鱼跑不过我，放心吧！"说完一溜小跑朝湖的东边跑去。

爱数王子不敢怠慢，也悄悄朝湖的西边缓步走去。刚刚走到湖的西边，就听湖东边的杜鲁克大喊："开始！"

刹那间，湖里像开了锅似的，大批鳄鱼纷纷朝东边游去，猛追杜鲁克。

爱数王子用右手的食指和拇指捏住下嘴唇，打了一个呼哨，白马长嘶一声，快速游过湖水直奔爱数王子而来。

爱数王子翻身上马，催马奔湖的东边跑去，只见一大群鳄鱼正在追赶杜鲁克。此时杜鲁克已经跑得气喘吁吁，爱数王子从后面拍马追上，弯腰用右臂将杜鲁克拦腰夹起，轻轻放在马上，重拍马的屁股，白马飞也似的跑出鳄鱼谷。

白马找回来了。

再进蟒蛇洞

两人骑在白马上，杜鲁克在前，爱数王子在后，白马在飞奔。

爱数王子一竖大拇指："你真行！主意出得好！"

杜鲁克笑嘻嘻地说："这叫作'声东击西'，或者叫'调虎离山'。"

爱数王子说："咱们下一步去蟒蛇洞，拿回弓箭吧。"

"有了白马，咱俩为什么不赶紧回爱数王国，着急拿弓箭干什么？"

"你不知道，鬼算国王十分阴险。从这儿到爱数王国还有很长的路要走，这一路上，他会不断地对咱俩下黑手，没有弓箭咱俩恐怕中途就被他算计了！"

"是吗？"杜鲁克也紧张起来，"那咱们还是去蟒蛇洞取剑吧！王子，蟒蛇洞里有多少大蟒？"

"洞里只有一条黄金蟒，全身金黄，非常名贵，是鬼算国王的心爱之物。"

"又是鬼算国王的宠物！大蟒吃人吗？"

"当然吃人！不过它不是一口一口地咬着吃，而是先用身体把人缠死，然后再把人整个吞下去。"

"我的天哪！整个吞！"杜鲁克听得目瞪口呆。

他好像有了什么主意，一路上不停地东张西望。爱数王子问他找什么，他也只是笑笑说："没找什么。"

当他们路过一家制造铁桶的工厂时，杜鲁克叫爱数王子赶紧停住，他翻身下马，向工厂跑去。走进制桶车间，他边走边看，还常常停下来，和铁桶比比高矮。当发现一个铁桶比自己矮一头多时，杜鲁克高兴得跳了起来。

杜鲁克对厂长说："这个铁桶，高矮合适，粗细适中，桶壁也很厚，很结实。你给我再加加工，在桶底挖一个比我脑袋稍大一点儿的孔。"

"这个容易。"厂长让工人在桶底挖好一个孔。杜鲁克让爱数王子付了钱，又要了一条长绳子，一头捆住铁桶，另一头捆在马鞍子上，两人上了马，拖着铁桶，又继续往前走。

爱数王子好奇地问："你买个铁桶干什么？"

杜鲁克两眼一眯，做个鬼脸："好玩儿！"

爱数王子摇摇头，心想都什么时候了，还好玩儿啊，真是一个孩子。

白马爬上了一座山，山很陡，路很险。爬着爬着，他们看见前面有一个黑漆漆的山洞。爱数王子一指："这就是蟒蛇洞。"

人还没靠近，就觉得洞里吹出一阵阵冷风，吹得人浑身发抖。

"喀，喀。"杜鲁克故意咳嗽两声，给自己壮壮胆。他问："我说王子，这里你肯定也来过吧？你看到的那条黄金蟒有多长？大约有多重？"

"我是两年前来的，那时还不长，也就五六米长吧。听说黄金蟒长得非常快，这两年还不得长出十米八米的？"

"啊？"杜鲁克嘴张得不能再大了，"那还不赶上大客车啦！

"洞里肯定有牌子，因为鬼算国王随时要掌握宠物的各项指标。进洞吧！"爱数王子下了马，拔出佩剑，带头往里走。杜鲁克抱着铁桶跟在后面。

洞里真叫黑呀，伸手不见五指。爱数王子用宝剑在前面探路，杜鲁克双手抱着铁桶紧跟在后面。走着走着，有水声传来，好像前面有条暗河。

爱数王子回头小声说："快到了，黄金蟒离不开水。"

杜鲁克越发紧张，双手把铁桶抱得更紧了。再走几步，前面出现了亮光，原来山洞上面开了一个天窗，光线从天窗照了进来。

杜鲁克眨一眨眼睛，适应了一下光亮。他慢慢看清了眼前的一切：在高处的洞壁上挂着一把蓝瓦瓦的漂亮的弓箭，弓箭下面盘踞着一条碗口粗的黄金大蟒，旁边立着一块木牌。

智斗黄金蟒

杜鲁克向前轻轻走了几步，看清木牌上写着：

黄金蟒的长度等于下图中所有最小的正方形的个数（单位：米），而质量2倍于下图中所有正方形的和（单位：千克）。

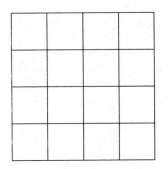

爱数王子说："长度容易求，图中有16个最小的正方形，说明黄金蟒现在的长度是16米。可是质量怎么求？图中的正方形有小的，有中等大小的，还有大一点儿的，而且是重叠在一起的，这可怎么数哇？"

"老师教给我们，当遇到规格不一的图形重叠在一起时，不能乱数，而首先要把它们分分类。"杜鲁克指着图说，"你看，边长为1个单位的最小正方形有16个，边长为2个单位的正方形，最上面两行有3

个，中间两行又有3个，最下面两行还有3个，加起来是9个。"

"哦，我明白了。"爱数王子开窍了，"边长为3个单位的正方形有4个，边长为4个单位的正方形，只有外面最大的这个了。加在一起是16+9+4+1=30，而黄金蟒的质量是这个数字的2倍，就应该是60千克。果然这两年，它又长大了许多。"

杜鲁克一竖大拇指："爱数王子果然聪明!"

"你们数学老师真棒! 我能不能也当他的学生，向他学数学?"

"没问题!"杜鲁克一指挂在洞壁上的弓箭，"可是，当前咱俩的任务，是在黄金蟒的鼻子底下，把弓箭拿出来。"

爱数王子为难地摇摇头："黄金蟒力大无比，谁被缠上都别想活，怎么去拿弓箭哪?"

"我有主意。"杜鲁克趴在爱数王子的耳边，小声地说，"咱俩这样……"好像生怕黄金蟒把他的秘密听了去。这时只见王子一会儿点头，一会儿摇头，脸上一阵高兴，又一阵忧虑。

杜鲁克主意已定，他先把铁桶翻了过来，底朝上，又迅速从铁桶的下面钻了进去，将脑袋从铁桶底部的洞中伸了出来。乍一看，就像穿了一件铁桶的外衣。

杜鲁克穿着这件特制的铁桶外衣，晃晃悠悠地朝黄金蟒走去。走到跟前，黄金蟒还是不理他。杜鲁克来气了，抬起腿朝着黄金蟒狠狠地踢了一脚。这一脚可激怒了黄金蟒，它呼的一声身体直立起来，张开血盆大口，口中的芯子吐出老长，以闪电般的速度，把杜鲁克紧紧缠住。

"快！照计划执行。"杜鲁克一声令下，爱数王子先把弓箭拿到手，又弯腰拉起捆在铁桶上的绳子往洞外走。杜鲁克明白，一条60千克的大蟒缠在铁桶上，再加上铁桶本身的质量，自己"穿着"这么一个外衣是根本走不动的。现在有爱数王子在前面用绳子拉着，就能够走起来了。

两人配合着，十分艰难地一步一步往外走，终于走出了洞口。杜鲁克身体往旁边一倒，咕咚一声，铁桶也跟着倒地，他迅速从铁桶里爬了出来。

这时爱数王子举起弓，要射向黄金蟒。杜鲁克赶紧阻止："别动手！"

"这是鬼算国王豢养的黄金蟒，应该把它除掉！"

"鬼算国王是个大坏蛋，可是他养的宠物没有罪，而且黄金蟒是稀有品种，我们有责任保护它，应该把它放归山林。"

爱数王子似乎明白了，他拿弓用力地顶了一下铁桶，铁桶带着黄金蟒咕噜咕噜滚下了山。

杜鲁克高举双手欢呼："黄金蟒自由喽！"

来了牛头马面

杜鲁克和爱数王子骑上马，继续朝爱数王国的方向进发。杜鲁克非常喜欢王子的弓箭，紧紧抱在怀里，一刻也不撒手。

当他俩走进一片树林时，光线暗了下来。爱数王子突然紧张起来，迅速拔出了佩剑，他左看看，右瞧瞧，看看天，又瞧瞧地。杜鲁克问："你看什么呢？"

"树林历来是个危险的地方。"爱数王子的话还没说完，只听嗖嗖两声，左右两棵树上各跳下一个"怪物"。杜鲁克定睛一看，一个是人身牛头，手握一把刀，另一个是人身马头，手执一把剑。

"妖怪，妖怪！这是传说中的牛头马面。"杜鲁克举起手中的弓箭。

"慢着！"爱数王子伸手拦住了他，"为了不误伤好人，先问清楚再说。"

　　爱数王子用剑一指两个怪物，问："你们是什么人？在这儿装神弄鬼的？"

　　只见牛头怪笑一声："我们是来捉拿你的。"

　　杜鲁克一摸脑袋："不对呀！这笑声怎么这么耳熟哇？"

　　没等杜鲁克想明白，爱数王子噌的一声从马背上凌空跃起，宝剑直向牛头挥去。牛头不敢怠慢，当的一声用刀将剑拦开，顺势把刀转向爱数王子。爱数王子一个空翻，躲过刀，唰的一剑横扫了过去。

爱数王子这一剑动作极快，牛头吓得"妈呀"叫了一声，赶紧低头，可还是晚了，两只牛角各被削去了半截。

马面一看急了，大喊一声："我来啦！"挺剑就向爱数王子冲去。杜鲁克也急了，他举起弓箭对准马面叫道："你给我老实站住！你敢往前再走一步，我就射箭！"

此时牛头也顾不得牛角被削，赶紧拦住马面："你别过来！我能斗得过他！"马面倒是听话，乖乖地原地站住不动。

爱数王子和牛头战了有二十多个回合。爱数王子越战越勇，而牛头渐渐体力不支。他把手指放进嘴里，打了一个呼哨，呼啦啦从树后钻出一大群怪物，有猴头怪、熊头怪，还有虎头怪，手里分别拿着武器，十八般武器样样都有。他们大喊了一声："冲啊！"各执武器冲了过来。

爱数王子一摆手，喊："停！"

牛头问："怎么，害怕啦？"

"告诉我，你这一群怪物有多少个？我好知道自己消灭了多少害人虫。"

牛头点点头："也好，可以叫你死个明白。猴头怪和熊头怪加起来有16个，猴头怪比虎头怪多7个，虎头怪比熊头怪多5个。你算算这三种怪物各有多少个？"

"这……"爱数王子有个短处，当题目条件一多，他脑子就乱了。

"有14个猴头怪，2个熊头怪，7个虎头怪。总共是23个。"其实，杜鲁克早就算出来了。

"啊？算得这么快？"牛头吃了一惊，"不会是蒙的吧？"

"笑话！我出道题，你来蒙个试试。"

牛头说："如果不是蒙的，你能把解题过程说给我听听吗？"

"可以。"杜鲁克一指马面，"你让他先把手中的剑扔得远远的，我就可以放下弓箭，给你写解题过程。"

牛头点点头："好吧！马面，谅他们也跑不了了，你先把剑扔掉！"马面极不情愿地把剑扔了出去。

杜鲁克放下手中的弓箭，连说带比画："你说猴头怪和熊头怪加起来有16个，就有：

猴头怪+熊头怪=16（个）

"猴头怪比虎头怪多7个，又有：

猴头怪−虎头怪=7（个）

"还有虎头怪比熊头怪多5个，即：

虎头怪−熊头怪=5（个）

"接下去这样算……"

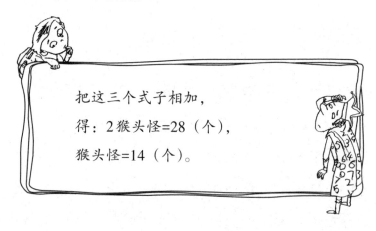

把这三个式子相加，

得：2猴头怪=28（个），

猴头怪=14（个）。

"知道猴头怪有多少个，熊头怪和虎头怪就好求了。"

杜鲁克还没说完解题过程，突然催马向马面奔去，冷不防伸手把他的面具摘了下来。竟然是鬼算王子。

"原来是鬼算王子！"杜鲁克急转马头，向爱数王子奔去，"他们人多，咱们好汉不吃眼前亏。"

此时爱数王子也心领神会，疾跑几步，跃身跳到了马背上，"驾！"他用力拍了一下马屁股，马猛地蹿了出去，四蹄腾空，一刹那就不见了踪影。

牛头摘下了面具，原来是鬼算国王，其他怪物也纷纷"显形"——都是鬼算王国的士兵。

"哼！这次让他俩跑了，不要紧，他们躲得过初一，也躲不过十五。咱们等着瞧！"鬼算国王阴沉着脸说。

刁小三私家菜馆

爱数王子和杜鲁克骑着白马好一通猛跑。他们跑到一大片开阔地，回头看看，鬼算国王并没有追上来。"吁——"爱数王子勒住了白马，白马已经累出了一身汗。

"咱俩应该找个地方休息一下了。"

"我早饿得前胸贴后背了！"

前面传来阵阵炒菜的香味，杜鲁克原本就饿得要命，现在又闻到炒菜香，更是饿得受不了啦！他大叫："我要吃饭！我要吃饭！"

"好，好，咱们到前面看看去。"爱数王子催马往前走。

只见一家饭馆，上写：刁小三私家菜馆。门框的两边还有一副对子：开坛千家醉，饭菜百里香。

杜鲁克一看真是饭馆，高兴极了，立即跳下马来，朝饭馆奔去。

进门一看，地方不大，只摆着两张桌子，掌柜的有40多岁，长得又矮又瘦，腰间围着围裙，肩膀上搭着一块擦桌布。他见杜鲁克蹦了进来，吓了一跳，忙说："这位小少爷，您是来吃饭呢，还是参加运动会？"

"谁是小少爷？我到饭馆来参加运动会干什么？我要吃饭！"杜鲁克真是饿得有点儿急眼了。

掌柜的满脸赔笑："小少爷，哎，不，应该叫小朋友，您有几位？请坐！"

这时爱数王子也把白马拴好，走了进来。他对掌柜的说："喂喂我的马。"

"好的，您先请坐。"掌柜的一面擦桌子一面问，"两位想吃点儿什么？"

"菜，拣最好的上。"

"一定要快，慢了会出人命的！"杜鲁克恨不得现在就能吃上饭。

掌柜的手脚还真够快的，不一会儿，菜就上桌了，有红烧肉、清蒸鳜鱼、软炸大虾、百合炒芹菜。

杜鲁克看到这么多好吃的，拿起筷子就要夹菜。

"慢!"掌柜的满脸赔笑地说,"到我刁小三私家菜馆吃饭有个规矩,必须喝刁小三特色米汤。"

"什么是特色米汤?"杜鲁克很好奇。

掌柜的立刻搬来了一个黑坛子,打开封口,一股浓郁的香味从坛子里蹿了出来。

"好香啊!"爱数王子不由得称赞起来。

掌柜的拿来两只碗,给每人倒满了一碗米汤,说道:"两位请!"

爱数王子拿起碗,一仰头咕咚咕咚喝下了肚,然后一擦嘴说:"好喝!"

杜鲁克却看着眼前的碗，一动不动。掌柜的问："小朋友，你怎么没喝呀？"

杜鲁克说："我从小就不喜欢喝米汤！"

掌柜的笑了笑："不要紧，你尝尝，绝对跟你以前喝的不一样，可好喝了！"

杜鲁克摇摇头，坚决不喝。

突然掌柜的变了脸，他用十分强硬的口气说："按照我店的规定：不喝我的米汤，就不能吃我的饭菜！"

事情闹僵了！

爱数王子出来打圆场："少喝一点儿嘛！不然我们连饭都吃不上。来，我帮你把这碗喝了。"说着拿起杜鲁克面前的米汤碗一饮而尽。

此时，杜鲁克更饿了。他眼珠转了几十圈，有了个主意："掌柜的，我怕喝了不适应，吐得哪儿都是，你给我一条大毛巾吧。"

"好说！"只要杜鲁克肯喝，掌柜的什么要求都可以答应。

掌柜的又给杜鲁克倒满了一碗米汤："请！"杜鲁

克端起碗，喝了一大口，但立刻用毛巾捂着嘴，把头低到桌子底下。

"哈哈！"掌柜的夸奖说，"好样的！真勇敢！再来一口。"杜鲁克用同样的方法又喝了一口。

掌柜的阴笑着点了点头："嗯，差不多了！"

可以吃饭了，杜鲁克端起碗，低下头，赶紧往嘴里扒饭。一碗、两碗、三碗……

突然，爱数王子脑袋乱晃，掌柜的见了拍着双手，说道："倒！倒！倒！"

扑通一声，爱数王子晕倒在桌子上。杜鲁克心想：不好！这米汤里准下了东西，这掌柜的没安好心。怎么办？急中生智，杜鲁克也开始晃悠脑袋，掌柜的也拍着双手，说道："倒！倒！倒！"杜鲁克应声假晕在桌子上。

杜鲁克偷偷盯着掌柜的，只见他到墙壁前，摘下弓和箭。杜鲁克吓了一跳，心想，他难不成要把我们俩当箭靶子？

还好，掌柜的没有对准他俩，而是跑到外面，拈弓搭箭向天空射出一箭，只听"咝——"的一声，杜鲁克明白了，这是射的响箭，向远处发信号。紧接着掌柜的又射出两支响箭，前后一共射了三支。

过了一会儿，一阵急促的马蹄声由远及近，停在了门口。接着走进来两个人，杜鲁克一看，倒吸了一口冷气。怎么会是他俩?!

特效药

走进来的竟是鬼算国王父子俩。

掌柜的单腿跪地："欢迎鬼算国王,一切都是按您的吩咐做的。爱数王子和那个小孩儿都已经被迷倒。"

"嘿嘿!"鬼算国王奸笑了一阵,走到趴在桌子上的爱数王子身边看了看,"他武艺高强,趁他昏睡,把他捆起来!"

"是!"掌柜的拿出绳子将爱数王子捆了个结实,又一指杜鲁克,问,"他也捆吗?"

鬼算国王的脑袋摇得像拨浪鼓:"哼,一个小屁孩儿,捆他干什么?"

杜鲁克听到鬼算国王叫他小屁孩儿,气得直攥拳头。

鬼算国王问:"他们可以昏睡多长时间?"

"报告国王,这是一种新型的特效药,我这里有说明书。"说着掌柜的拿出一张纸，读道，"服下此药后，要昏睡固定的一段时间。在这段时间中，有 $\frac{1}{2}$ 的时间是趴着睡，有 $\frac{1}{4}$ 的时间是仰着睡，有 $\frac{1}{7}$ 的时间是躺着睡，最后还有3分钟的时间是站着睡。读完了。"

"这说的都是什么呀？"鬼算国王摇摇头，"幸好我鬼算国王算得厉害，这个问题小意思！"

鬼算王子问："人还能站着睡觉？如果还能站着打呼噜，更神奇啦！父王，这个问题从哪儿着手呢？"

"可以设固定的时间为1。把趴着睡的时间、仰着睡的时间和躺着睡的时间加起来肯定小于1。"

鬼算王子动手算：

$$\frac{1}{2} + \frac{1}{4} + \frac{1}{7} = \frac{25}{28}$$

"果然不够1，是 $\frac{25}{28}$ 。"

"对了。"鬼算国王神气地说，"所差的那点儿是什么呢？"

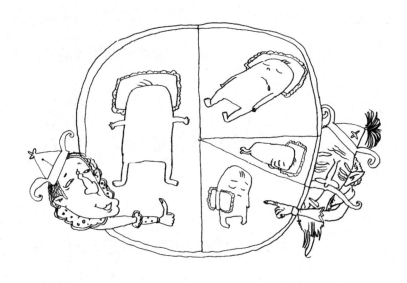

鬼算王子抢着说:"我知道,就是站着睡的3分钟。这3分钟应该占 $1-\dfrac{25}{28}=\dfrac{3}{28}$,总的时间就是 $3\div\dfrac{3}{28}=28$ 分钟,他们要28分钟才能醒呢!"

"不对,不对!"鬼算国王说,"你别忘了,最后3分钟是站着睡的。人怎么可以站着睡呢?一定是半醒半睡了,这不能算昏迷状态。真正昏迷的是25分钟。"

掌柜的竖起双手大拇指:"高,高!国王是真正的高!"

鬼算国王十分得意:"我说王宫大厨哇,我有好几天没吃你炒的菜了。爱数王子还要20多分钟才会清醒。你去给我炒几个好菜，咱们先喝坛子好酒。"

"国王英明！"掌柜的先搬来一坛子酒，放在另一张桌子上，马上到厨房忙活去了。杜鲁克这才知道，原来这个掌柜的是鬼算国王的御厨，怪不得他这么坏！

鬼算国王对儿子说："我早听说爱数王子的白马十分了得，它只让爱数王子骑，别人休想单独骑它！"

"我就不信，父王你看着，今天我非骑上它不可！"鬼算王子拉着鬼算国王走了出去。

这真是千载难逢的好机会！杜鲁克抱起自己面前放了特效药的米汤，添进了他们准备喝的那坛好酒里。做完了这些，他继续装晕趴在桌子上。

这时外面乱作了一团：人的叫喊声，马的嘶叫声，咚的重物落地声，鬼算王子的"哎哟"惨叫声……

掌柜的做好了菜，跑到门口说："国王，王子，菜已炒好，快进来吃饭吧！"

杜鲁克偷眼一看，只见掌柜的搀着摔得鼻青脸肿的鬼算王子一瘸一拐地走了进来。

鬼算王子骂骂咧咧地说："臭白马，竟敢摔我，我和你没完！我要把你宰了，炖马肉吃！"

掌柜的安排鬼算国王父子坐好，打开酒坛子，给每人倒了一碗酒。两人也真是渴了，端起酒碗咕咚咕咚一饮而尽："好酒！"

"好！"杜鲁克高兴得差点儿叫出声来。

鬼算国王对掌柜的说："你在这儿埋伏了好几天，也辛苦了，来，我敬你一杯！"说着倒满一碗酒递给了掌柜的。掌柜的受宠若惊，双手接过碗，一仰头就喝了进去。

"好！"杜鲁克这次真叫了出来。

"谁?"鬼算国王吃了一惊。他刚想拔刀，可是药力来得特别快，他的手已经够不着刀了，脑袋也开始晃悠。

杜鲁克腾地跳了起来，嘴里喊着："倒！倒！倒！"鬼算国王非常听话，咕咚一声就倒在了地上。

这时，鬼算王子和掌柜的脑袋也同时晃悠起来，杜鲁克大喊："倒！倒！倒！"咕咚咕咚，他俩先后倒在了地上。

杜鲁克一竖大拇指："这药果然是特效的！"

真假难辨

杜鲁克赶紧把爱数王子的绳子解开。他刚听御厨说过想要解开迷药，可以往脸上喷凉水。

他端来一大碗凉水，"噗——噗——"一通猛喷。

这招儿还真管用，"阿嚏！阿嚏！"爱数王子连打了两个喷嚏，醒了过来。他看到躺在地上的三个人，十分吃惊，问："这是怎么回事？"

杜鲁克说："只剩下二十多分钟了，我没时间给你解释，快拿绳子把他们三人捆起来，咱俩赶紧走。"

爱数王子和杜鲁克把三个坏家伙捆了个结结实实。杜鲁克右手拿弓箭，左手拉着爱数王子，往门外走去。一出门，看见门口拴着三匹马。白马是爱数王子的，黑马是鬼算国王的，花马是鬼算王子的。

杜鲁克说："现在有三匹马了，我就不用和你挤在一匹马上了，我骑鬼算国王的黑马吧。"说着解开黑马的缰绳，翻身上了马。他照着马屁股狠拍了一巴掌，黑马非常听话，噌的一下就蹿了出去。

爱数王子赶紧催马跟上："我说数学小子，我喝了米汤就迷倒了，你也喝了，怎么没倒下？"

"嘻嘻！"杜鲁克扔给爱数王子一条毛巾，"你闻闻就明白了。"

爱数王子接过来一闻："哇！怎么这么大的米汤味？"

"嘻嘻！你想，我怎么能喝米汤呢？你没看见我喝时，每喝一口就用毛巾捂住嘴，把头低到桌子底下？我这样做，是趁机把米汤吐到毛巾上。"杜鲁克边说边表演，逗得爱数王子哈哈大笑："你小子真是鬼呀！"

"吁——"爱数王子突然勒住了马。

杜鲁克忙问："怎么啦？"

"我迷路了！"爱数王子摸摸脑袋，"应该是这么走哇，怎么今天就不对了呢？"

"别着急，问问过路人。"

这时一位老者拄着拐杖，颤颤巍巍地走了过来。爱数王子下马走到老人面前，先鞠了一躬："老人家，请问到爱数王国怎么走？"

"你爱什么？"看来这位老人耳朵有点儿背。

杜鲁克跑过去，对着老人的耳朵大声说："是爱数王国！"

"不用这样大声喊，我听得见！"老人最讨厌别人对他大喊大叫，"你们不是去爱数王国吗？先往东走一大段，再往北走一小段，就到了。"

爱数王子又问："您知道这两段各走多远吗？"

"知道，知道，大段和小段之和是16.72公里，把小段公里数的小数点向右移一位，就等于大段的公里数。对了，差点儿忘了！我的朋友正等着我打牌呢！你们自己算吧！"老人说完，又拄着拐杖颤颤巍巍地走了。

爱数王子一脸茫然："他等于什么也没说呀！"

"不，可以算出来。"杜鲁克蹲在地上，边说边写，"一个数的小数点向右移一位，这个数必然扩大到原来的10倍。"

"这么说，大段一定是小段的10倍，而大小段之和一定是小段的11倍。"

杜鲁克夸道:"王子你太聪明了!你说出了解题的关键!往下就好求了!"

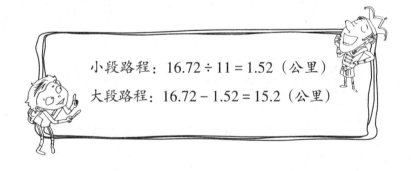

小段路程: $16.72 \div 11 = 1.52$(公里)

大段路程: $16.72 - 1.52 = 15.2$(公里)

"走!咱们先往东走。"

一黑一白两匹马向东疾驰,没走一会儿,爱数王子停住了："咱俩再往北走。"两人又走了小段路程，看到前面有一左一右两条道路。

杜鲁克问："走哪条路？"

爱数王子一摇头："没走过，不知道。"

"那得问问。"杜鲁克看到吵吵闹闹地走来两个小孩儿。

杜鲁克好奇地问："这俩小孩儿长得怎么这么像？"

两个小孩儿同声回答："多新鲜呢！我们是双胞胎。"

一个小孩儿指着另一个说："他讨厌！他总说假话，一句真话都没有！"

另一个指着这个小孩："他更讨厌！他总说真话，一句假话也没说过！"

爱数王子下马走过去问："小朋友，请问，去爱数王国应该走哪条路？"

一个往左一指："走左边这条路。"

一个往右一指："走右边这条路。"

爱数王子又问："你们俩谁说真话？"

两个小孩儿围着王子转了三圈，异口同声地回答："我说的是真话！"

爱数王子张口结舌，没辙了！

杜鲁克拉过其中一个小孩儿，问："如果我问你兄弟：去爱数王国走哪条路，他会怎样回答？"

这个小孩儿略微想了一下，说："走左边这条路。"

杜鲁克翻身上马，对爱数王子说："走右边的路！"

"为什么走右边的路？"爱数王子不明白。

"他们俩一个说真话，一个说假话。把一句真话和一句假话合在一起呢？就一定是假话！所以他回答走左边，肯定应该走右边。"

爱数王子一竖大拇指："高！实在是高！"说完上马跟杜鲁克走了。

两个小孩儿嘿嘿一乐："进口袋喽！"

四面围攻

　　爱数王子和杜鲁克顺着右边的道路往前走，忽然听到有人小声说话："注意，爱数王子进口袋了！"

　　爱数王子听了一愣，他倒吸一口凉气，赶紧勒住了马："不好！咱俩上当了。"话声未落，只听左边咚的一声炮响，"哇呀呀！"冲出一队人马。

　　杜鲁克定睛一看，只见士兵排成一个正方形的队形，每边有4名士兵，每人都穿着红色的军装，手中统一举着大刀，迈着整齐的步伐，口中喊着："鬼算王国必胜！爱数王国必败！"冲了出来。

　　爱数王子说："每边4人，4×4=16，总共才16人，不去理他，我们走！"两人刚往前走了几步，又听右边当当当一阵锣响，呼啦啦又冲出一支队伍。这支队伍排的是等边三角形，每边都是5名士兵，他们穿着黄色军装，手中一律拿长枪，喊的口号是："抓住爱数王子！可得10枚金币！"

"这支队伍很实惠，抓住我就给赏钱。"爱数王子问，"数学小子，这支队伍有多少人？"

"好算！一共是5行，人数是1+2+3+4+5=(1+4)+(2+3)+5=5+5+5=15（人）。"

"嗯？比左边还少1人。不去管它，咱们继续往前冲！"说完，爱数王子催马前行。

走了有十几步，又听前面咚咚咚鼓声震天，横着摆出了一支队伍，挡住了去路。这支队伍排成个梯形。这个梯形上底有4名士兵，一共有6排，每后一排都比前一排多一名士兵。他们穿的是绿色军装，手中都拿着大铁锤，他们喊的口号是："爱数王子快投降！不然肯定要遭殃！"

杜鲁克缩了缩脖子，一吐舌头："我的妈呀！他们要拿大铁锤砸烂你啦！"

"他们一共有多少把大铁锤？"

"有多少士兵就有多少把大铁锤呗！"

"我把人数相加就可以了。"爱数王子口算，"4+5+6+7+8+9=(4+9)+(5+8)+(6+7)=13+13+13=39（人）。

这队人最多。"

"也可以用求梯形面积的公式来求。"杜鲁克说，"梯形的面积公式是$\frac{1}{2}$（上底+下底）×高。上底=4，下底=4+5=9，高=6。这样$\frac{1}{2}$×（4+9）×6=13×3=39，得数一样。他们有这么多人怎么办？硬闯？"

"硬闯我没问题，只是你不会武功，怕闯不过去！咱俩原路退回。"说着爱数王子掉转马头往回走，杜鲁克赶紧跟上。

此时，炮声、锣声、鼓声响成一片，三面的士兵齐声高喊："抓住爱数王子！"声势浩大，杜鲁克哪见过这种阵势，他脑袋有点儿发晕。

突听一声呐喊："爱数王子，你已四面楚歌，还往哪里跑？"

杜鲁克抬头一看，不由得呀地惊叫了一声。只见在后路上站着鬼算国王父子俩。

鬼算国王打了一声呼哨，杜鲁克骑的黑马立刻又蹦又跳，把杜鲁克一下子从马上甩了下来，"哎哟！"摔得杜鲁克大声喊疼。黑马飞快地跑向鬼算国王。

　　爱数王子快速地拿出信号弹，刹那间空中出现了三朵美丽的红花。

　　"嘿……"鬼算国王一阵冷笑，这笑声更阴森恐怖，让人听起来全身起鸡皮疙瘩。

　　鬼算国王一指杜鲁克："没想到你一个小屁孩儿心眼儿还不少，骗过我的大厨，偷换了药酒，让我们上了当！"

　　杜鲁克就恨人家叫他小屁孩儿。他指着鬼算国王说："谁是小屁孩儿？人家有名有姓的，大名杜鲁克，外号数学小子！我告诉你，你这叫偷鸡不成蚀把米，害人不成反害己！送你四个字——自讨苦吃！"

杜鲁克的几句话，把鬼算国王气得双眉倒竖，胡子乱颤。他恶狠狠地说："哼！你们俩终究没能逃过我鬼算盘的算计。你们过来！"只见给他们指过路的老人和那两个双胞胎小孩儿走了出来。

鬼算国王得意地说："小屁孩儿，你看清楚，这是我事先设好的局，把你们引进了我的口袋阵。进了我的口袋阵，你们就别想活着出去！等我抓住你，看我怎么收拾你们！"然后对士兵一挥手，"士兵们，抓住爱数王子和这个小屁孩儿的有重赏！"

三面的士兵一听有重赏，呼啦一下就都拥了上来。

正在这万分危险的时刻，突然天空响起了"咕——"的声音，只见两只硕大无朋的雄鹰从天而降，一只黑色大鹰抓住了爱数王子，另一只白色大鹰抓住了杜鲁克，它们腾空而起，朝爱数王国的方向飞去……

此时鬼算国王并不慌张，他冷笑一声："你们俩跑不了！"

四只秃鹫

　　两只雄鹰分别抓住爱数王子和杜鲁克，朝爱数王国飞去。突然，前面黑压压飞来一群大鸟挡住了去路。这种大鸟，羽毛以黑色为主，杂以白毛，脖子很长，但光杆无毛，嘴很大，前端还带钩，长得极为难看。

　　杜鲁克好奇地问："我说爱数王子，这是什么鸟哇？长得这么吓人。"

　　"大名叫秃鹫，外号叫坐山雕，是鬼算国王养的宠物，专吃腐肉，喜好打斗，凶残无比。"爱数王子话还没有说完，"呱——"的一声，秃鹫开始向雄鹰进攻了。

　　两只秃鹫分左右两边向黑色雄鹰猛扑，眼看就要扑上，雄鹰一声长鸣，迅速飞升，两只秃鹫刹车不及，当的一声撞到了一起。"呱呱——"两声惨叫，两只秃鹫同时跌落下去。

"好！"杜鲁克看得高兴，大声叫好。

又有四只秃鹫从四面向黑色雄鹰包围过来，此时爱数王子对黑色雄鹰说了点儿什么，雄鹰点点头抓住爱数王子向前飞去，四只秃鹫在后面紧紧追赶。前面有三座山峰并排在一起，像一个笔架，当地人称之为"笔架山"。雄鹰飞临笔架山的上空，突然松开了爪子，爱数王子从半空中跌落了下来。

眼前这一幕惊得杜鲁克失声大叫："呀！"这时，只见爱数王子在空中做了几个漂亮的空翻，然后稳稳地落在笔架山中间的山头上。

"哇！真棒啊！"杜鲁克喊道，"喂，爱数王子，你说话雄鹰怎么能听得懂啊？"

"我长期和它们打交道，我的话它们听得懂，它们说什么，我也知道。"

"太棒了！将来你一定教教我！"

"没问题！"

把爱数王子放到了笔架山上，黑色雄鹰就没有负担了，它展开双翅向四只秃鹫冲去。其实黑色雄鹰认识这四只秃鹫，在野外生活时曾和它们打过交道。这四只秃鹫中，有一只叫白脖，它的脖子是在和别的秃鹫争食时受伤的。秃鹫是一见吃的就不要命的，它们抢食时往往是一哄而上，而后是一通乱啄，往往啄伤了同伴。其他三只一只叫追风，一只叫战鹰，还有一只叫飞毛，都是在抢食时被啄伤的。

黑色雄鹰还知道，这群秃鹫有个首领，叫作"大嘴秃鹫"。它的个头儿比同类秃鹫大许多，特别是它的嘴有同类秃鹫的两个大，和同伴争食时，大嘴一张，凶残无比，上面提到的四只有残疾的秃鹫，大部分都是被它啄伤的。这群秃鹫事事都得听大嘴秃鹫的指挥，否则必遭严惩。

黑色雄鹰奔实力最弱的白脖秃鹫冲去，没斗几个回合，白脖秃鹫的脖子就被黑色雄鹰紧紧抓住。

白脖秃鹫赶紧求饶："伟大的、可敬的、我最害怕的雄鹰爷爷，您放开爪子，我的脖子本来就受伤了，您要一使劲儿，非折了不可！"

黑色雄鹰问："我问你，大嘴秃鹫是如何布置你们向我进攻的？"

"这——"白脖秃鹫还不敢说。

"不说?"黑色雄鹰两只爪子一使劲儿,白脖秃鹫哇哇叫。

"我说,我说。"白脖秃鹫脸都变了色了,"大嘴秃鹫要求我们狠命啄你!对我们每只秃鹫啄你的次数都有严格规定,可惜到现在我也不知道,我应该啄你多少下。"

"你说说大嘴秃鹫是怎样布置的?"

"它要求追风啄你的次数是我的2倍,战鹰啄你的次数是追风的3倍,飞毛啄你的次数是战鹰的4倍,

啄你的总数是132下。你算算我应该啄你多少下？"

黑色雄鹰也不会算，它把题目传给爱数王子。爱数王子又大声把题目告诉杜鲁克。

此时杜鲁克正被白色雄鹰抓住，悬在半空，他笑嘻嘻地说："我还真没有用这种姿势做过题呢！这个姿势恐怕那些数学博士也做不出题来。不过我想创造一种'悬空做题法'！我用方程来解。设白脖啄你的次数为 x，则……"

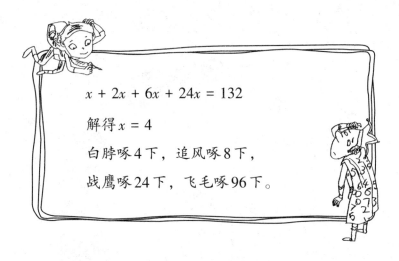

$x + 2x + 6x + 24x = 132$

解得 $x = 4$

白脖啄4下，追风啄8下，

战鹰啄24下，飞毛啄96下。

爱数王子迅速把杜鲁克计算的结果告诉了黑色雄鹰。

惊心动魄的空中大战

黑色雄鹰听了杜鲁克计算的结果，怒火万丈。它放开白脖，直奔飞毛冲去，嘴里叫道："你想啄我96下，我只啄你一下！"说完飞到了飞毛的头顶上，一只爪子抓住它的脖子，在它的脑袋上狠狠地啄了一下。只听"呱——"的一声惨叫，飞毛就像断了线的风筝，从高空跌落下来。

"好哇！我方击落敌机一架！"杜鲁克高兴得手舞足蹈。

其他三只秃鹫见飞毛这么快就被消灭了，吓得不敢恋战，哀号一声各自逃命去了。

正在观战的鬼算国王，看到四只秃鹫被一只雄鹰追得落荒而逃，气得暴跳如雷："哇，一群废物！平日我那么疼爱你们，就是为了养兵千日，用兵一时呀！"他嘴里呜里哇啦说了一通别人听不懂的语言，然后用手一指杜鲁克。

余下的秃鹫就像士兵接到了命令似的，一股脑儿向杜鲁克和白色雄鹰冲去，但并不进攻白色雄鹰，而是全部攻击杜鲁克。

白色雄鹰见状先向黑色雄鹰"咕"地叫了一声，黑色雄鹰"咕——"的一声回应之后，迅速向白色雄鹰的下方飞去。与此同时，白色雄鹰抓住杜鲁克的爪子松开了，"啊！"杜鲁克大叫一声，身体急剧向下坠落。正在这万分紧急的时候，黑色雄鹰飞到了杜鲁克的下方，杜鲁克稳稳地落到了黑色雄鹰的背上。

白色雄鹰没有了负担，立刻精神抖擞地向秃鹫群冲了过去。白色雄鹰勇猛非常，它用爪子抓，用嘴啄，用翅膀扇，打得秃鹫呱呱乱叫，羽毛满天飞舞。

"好哇！太棒啦！"杜鲁克在黑色雄鹰背上坐不住了，他站了起来，在黑色雄鹰背上又蹦又跳，又喊又叫，吓得黑色雄鹰"咕——咕——"地叫，不断向他发出警告。爱数王子也大声叫喊："杜鲁克，快坐下！危险！"

一群秃鹫全被白色雄鹰打跑了。

这时传来一声刺耳的叫喊，只见鬼算国王骑着大嘴秃鹫，手挥着武器向杜鲁克冲来："我先抓住你这个数学小子，爱数王子少了你这个帮手，我就胜券在握了！"

杜鲁克见鬼算国王来势汹汹，赶紧抱住黑色雄鹰的脖子大喊："爱数王子救我！"

爱数王子见状，一声吆喝，白色雄鹰立刻飞到他的身旁。爱数王子抽出剑，一跃骑到了白色雄鹰的背上，白色雄鹰径直向鬼算国王冲去。

一场空中搏击开始了，鬼算国王骑着大嘴秃鹫，挥刀；爱数王子骑着白色雄鹰，舞剑。上面爱数王子对鬼算国王，两个人刀剑相碰，当当作响；下面白色雄鹰对大嘴秃鹫，又抓又啄，羽毛乱飞。鬼算王国的士兵在鬼算王子的带领下，大声为鬼算国王加油；杜鲁克一个人又喊又叫为爱数王子助威。

你来我往，打了有四十多个回合，两人不分胜负。杜鲁克心想，这样打下去，恐怕爱数王子要吃亏，我要想个法子。他用指尖轻轻敲打前额，突然想起，爱数王子曾说过，这些秃鹫闻到腐肉味，会不顾一切去寻找，不找到腐肉绝不罢休。我何不这样……
好！就这样办！

杜鲁克大声叫道："你们俩这样打下去，什么时
候算完哪？我有个办法，谁先被打落在地，谁就算
输！"

此时两人打得已是筋疲力尽，都想找个理由停下
来歇歇。两人都表示接受杜鲁克的方案。

杜鲁克十分兴奋，他连说带比画，要黑色雄鹰去
找一块腐肉来。真是心有灵犀一点通，黑色雄鹰点点
头，竟明白了杜鲁克的意思。它驮着杜鲁克向草地飞
去，在草地上来回寻找，终于找到一块腐肉。黑色雄
鹰一爪抓着杜鲁克，一爪抓住腐肉飞回了战场。

爱数王子和鬼算国王正斗得激烈，黑色雄鹰抓住
腐肉围着他们转圈。刚刚转了一圈，大嘴秃鹫就闻到
了腐肉的臭味，它也顾不上打仗了，眼睛四处搜寻，
发现是黑色雄鹰抓着食物。

大嘴秃鹫甩开白色雄鹰，直奔食物飞来。说时
迟，那时快，黑色雄鹰抓住腐肉向地面飞去，等快接
近地面时，一松爪子，腐肉咚的一声掉在了地上。

到嘴的美食怎能错过？大嘴秃鹫忽的一下落到了地面，由于惯性的作用，一下子就把背上的鬼算国王甩出去好几米，"哎哟！"鬼算国王咕噜咕噜连滚了好几滚。

"输喽！输喽！"杜鲁克高兴地拍着手，"鬼算国王被打到地上，按照事前的约定，鬼算国王输了！"

"不对，不对！"鬼算国王争辩说，"我不是被爱数王子打下来的，是大嘴秃鹫上了你的当，为了抢吃肉，自己降落下来的！"

杜鲁克笑嘻嘻地说："不管怎么说，你在地面上呢！你输啦！"

"数学小子！"鬼算国王气急败坏，指着杜鲁克说，"你自认自己的数学好，你敢和我鬼算国王一对一地比试一下数学吗？"

"没问题！"

数学小子独斗鬼算国王

鬼算国王首先出题考杜鲁克。他说："白脖、追风、战鹰、飞毛是我最喜爱的四只秃鹫，我经常操练它们。一次，我让它们巡回比赛，四只秃鹫两两对决。比赛的结果是，白脖胜了飞毛，而白脖、追风、战鹰所胜的次数相同。问你，飞毛胜了几场？"

杜鲁克稍微想了一下，说："你的爱将飞毛秃鹫真给你争气，它胜了0场。"

"0场？0场是什么意思？"鬼算国王没听懂。

杜鲁克笑嘻嘻地说："0场什么意思？0场就是说飞毛一场也没赢，全输了呗！"

"这不可能！"鬼算国王眨眨眼睛，不怀好意地笑笑，"飞毛一向骁勇善战，怎么能全输了呢？一定是你算错了！"

"我来给你讲讲其中的道理。"杜鲁克不慌不忙地

说，"四只秃鹫巡回比赛，两两对打，一共要赛6场。由于白脖、追风、战鹰所胜的次数相同，所以只有两种可能，一种是它们三个每个胜1场，另一种可能是每个胜2场。"

鬼算国王点点头："对。"

"先看看胜1场的可能，如果这三只秃鹫每只只胜了1场，飞毛就必须胜3场，由于飞毛输给了白脖，所以飞毛就不可能胜3场，说明这种情况不可能出现。实际情况只可能是白脖、追风、战鹰各胜了2

场，飞毛一场没胜。"杜鲁克向鬼算国王做了一个鬼脸，"你说我分析得对不对？"

鬼算国王低头不语，牙齿咬得咯咯作响。

"对啦！该我考你了。"杜鲁克想了想说，"我来个有趣的，给你出道数学魔术题。"

"好！好！"听杜鲁克说要出数学魔术题，爱数王子和鬼算王子都来了精神，连连叫好。

杜鲁克一指鬼算国王："你随便想一个由相同数字组成的三位数，然后用这个数的3个数字之和去除，这个商我知道。"

"不可能！你蒙小孩儿呢？好，我现在就想。"鬼算国王闭上眼睛，口中念念有词，过了一会儿说："我算好了！你告诉我，商是多少？"

杜鲁克连想都没想，张口就来："是37。"

"嗯？"鬼算国王大吃一惊，"你一定是蒙的！咱们再来一次。"说完又紧闭双眼，嘟哝了一阵，"我又算好了！你告诉我，商是多少？"

"还是37。"

"怪，怪！数学小子，你要能说出这数学魔术的奥秘在哪儿，我就认输。"

"咱们说话可要算数。"杜鲁克看鬼算国王已入了套，解释道，"不管这3个相同的数字是几，我统一用a来表示。一个由相同数字组成的三位数，就是$100a+10a+a$。而这3个数字之和就应该是$3a$。相同数字组成的三位数，被这个数的3个数字之和去除，就是

$$(100a + 10a + a) \div 3a$$
$$= 111a \div 3a$$
$$= 37$$

"看，不管你想的是哪个数字，最后的商都是37。"

"这么说，我是上你的当了？不管我想什么数，答案都一样！"鬼算国王眼珠一转，心中的算盘一打，鬼主意就来了。他说："我的大嘴秃鹫中了你们的圈套，把我摔到了地上；和你比试数学，我又上了你的当，被你要弄了一番。这样吧，这一场空中大战就算

告一段落。但我看你们被两只大鹰吊在空中飞行,挺受罪的。"

"你想怎样呢?"

"我愿意把爱数王子的白马还给你们,让你们骑在马上,舒舒服服地继续上路。怎么样,我够宽宏大量的吧?"

杜鲁克心里想,哼,你不定又耍什么鬼心眼呢。

杜鲁克问爱数王子:"王子,鬼算国王的主意怎么样?"

爱数王子点了点头,表示同意。

智斗夺命鬼

离开了鬼算国王，杜鲁克和爱数王子继续同骑一匹马向前走，头上两只雄鹰跟随前进。

杜鲁克笑着说："咱俩真够气派的，天上还有护航的雄鹰，国王待遇呀！"

走着走着，他们来到一个小镇，镇上人来人往，好不热闹。前面的一阵锣鼓声吸引两人循声望去。不远处搭了一个木头台子，台子的两侧贴有对联：拳打南山猛虎，脚踢北海蛟龙。横批是：天下无敌。

爱数王子看了摇摇头，说："狂徒一个，咱们走。"

他们刚想走，迎面走来几个彪形大汉，他们个个敞着怀，露出块块肌肉。

为首的大汉瓮声瓮气地说："要想从这儿过，每人要交10枚金币。"

爱数王子两手一摊："对不起，我身上没带钱。"

"不交钱也可以，你上擂台，和我们的擂主夺命鬼过过招儿。如果你能战胜擂主，那就不用交钱了。"

话声未落，只听台上闷雷似的一声喊："是谁要上台打擂？"瞬间，台上闪出一个黑铁塔似的人物，此人身高足有2米，体重不低于150公斤，头大如斗，口大如盆，腿粗如柱，两只铜铃般的大眼露着凶光。不用问，这就是那个绰号"夺命鬼"的擂主了。

一名武士跳上了擂台。武士冲夺命鬼一抱拳："听说擂主身高力大，武艺高强，我不是缺少10枚金币，而是专门来会会擂主，请！"武士说完抬左腿，举右臂，来了个"猴子望月"。

夺命鬼哈哈一笑："想和我耍'猴拳'？来得好！看我的，嘿！"说时迟，那时快，他的两只铁锤似的拳头，带着呼呼的风声直奔武士打去。

武士不敢怠慢，一个后空翻躲过双拳。武士叫道："哇！'黑虎掏心'，你用的是'虎拳'！"两个人一个用猴拳，一个使虎拳，你一拳我一脚地打在了一起，台下的叫好声不断。

杜鲁克看到一位老人站在台下，正聚精会神地看着台上的比赛。他凑了过去："老爷爷，这个夺命鬼好厉害呀！"

"厉害！"老人把嘴凑到杜鲁克的耳边，小声说，"你有所不知，这个人是鬼算国王的护卫官，好功夫！是鬼算国王派他到这里，专门等着收拾一个什么王子。"

"噢，"杜鲁克小声问，"他的武功真是天下无敌？"

老人摇摇头："也不是。据说他最害怕一样东西。"

"什么东西？"

"蛇！"

"蛇？"杜鲁克吃了一惊。

"嘘——"老人紧张地说，"只有我知道这个秘密，你可千万别说出去！"

"哎！"杜鲁克点头答应。他眼珠一转，计上心来，有办法了！他偷偷地从口袋里拿出一把带刻度的小尺子，目测夺命鬼。

杜鲁克测量以后，又做了计算，然后附在爱数王子耳边，嘀嘀咕咕一通，只见王子的面部表情一会儿紧张，一会儿放松，一会儿高兴，一会儿忧愁，最后竟然哈哈大笑起来，引得观众都回头看他俩。

正在他俩说悄悄话的时候，台上的形势发生了变化。武士稍不留神，被夺命鬼的大手一把抓住。被这样一双大手抓住，再想挣脱是万万不能的了。

只见夺命鬼"嘿"的一声喊，把武士高高举过头顶，然后快速旋转，又"嘿"的一声把武士扔向了高空。台下的观众都"呀"地惊叫了一声。武士如果摔下来，肯定会重伤。

就在这危急的关头，爱数王子吹了一声口哨，只见黑色雄鹰和白色雄鹰同时赶到，一只抓住武士的肩膀，另一只抓住武士的左腿，稳稳地接住了这名武士，然后把他轻轻放到地面上。

"好！"台下一片叫好声。

"哪来的两只鹰，敢来管闲事！"夺命鬼说着跳下擂台，朝两只雄鹰奔来。

两只雄鹰呼的一下飞到两层楼高，在空中盘旋，夺命鬼蹦起来老高，就是够不着，气得他嗷嗷乱叫。

这时爱数王子嘴里嘟嘟囔囔，对两只雄鹰说了些什么。两只雄鹰点点头向远处飞去。

夺命鬼一看雄鹰飞走了，气不打一处来，他指着爱数王子："看来，你和那两只鹰是一伙的，它俩飞了，我要找你算账！"

"慢着！"杜鲁克拦住说，"今天是打擂，应该在擂台上较量，在台下打不合规矩。"台下的观众也大声呼喊："对，上台比试，我们看得清楚！"

"上台就上台。"夺命鬼迈着大步噔噔噔走到了擂台边，一纵身就跃上了擂台。

爱数王子刚要上台,被杜鲁克拦住了:"王子别动,让我上去。"

"啊?你上擂台?你又小又瘦,他对你打个喷嚏,也能把你喷出5米远!"

"王子不要长别人志气,灭自己威风。今天,我杜鲁克要给你露两手!"说完杜鲁克顺着梯子爬上擂台。

夺命鬼低头看着杜鲁克嘿嘿一笑:"娃娃,你看到了吧,刚才那个武士猴拳要得多好,还是被我扔上了天。你这个小屁孩儿,我一脚就能把你踩进地里!"

杜鲁克又一次听到人家叫他"小屁孩儿",他勃然大怒,指着夺命鬼叫道:"大胆短命鬼!你敢叫我小屁孩,我必然把你打翻在地,再吃我一拳!"

夺命鬼听杜鲁克叫他"短命鬼",气得哇啦啦乱叫,伸出双手就去抓杜鲁克。杜鲁克一低头,从他胯下钻过。夺命鬼转身又要抓,忽听空中响起"咕——咕——"的叫声。

杜鲁克知道是雄鹰回来了。大家抬头看,只见黑色雄鹰两只爪子各抓着一条蛇,每条都有3米长;而白色雄鹰两只爪子也各抓着一条蛇，这两条蛇短一些，每条也有2米长。

两只雄鹰飞到擂台上空，突然俯冲下来，像飞机投弹一样，黑色雄鹰先把两条3米长的蛇投了下来，正好落在夺命鬼的脚下。"什么？什么？"夺命鬼还没弄清楚怎么回事，两条蛇分别在他的腿上缠了3圈。

"蛇！蛇！"夺命鬼吓得嗷嗷叫，他急忙弯腰，想用手把两条蛇拉下来。这时白色雄鹰又到，把两条2米长的蛇扔了下来，这两条蛇迅速在他的双臂上各缠了3圈。只听夺命鬼"啊——"大叫了一声，就晕了过去。

"咱俩快走吧！"杜鲁克和爱数王子骑上白马继续赶路。

价值连城的长袍

　　爱数王子问："数学小子，你怎么知道，缠夺命鬼腿的蛇要3米长，缠他手臂的蛇要2米长？"

　　"我事先测量和计算的。"杜鲁克解释说，"我用尺子对夺命鬼的腿的直径进行了目测，差不多是30厘米，而手臂的直径是20厘米。可以把腿和手臂近似看成圆柱，知道了圆的直径d，求圆的周长，可以套用公式来计算……"

$$圆的周长 = \pi d$$

$$腿的周长 = 3.14 \times 30 = 94.20$$

$$\approx 100（厘米）= 1（米）$$

　　杜鲁克继续说："为了能让蛇在他腿上缠得结实，最少也要缠3圈，这样缠腿的蛇至少要3米长。同样方法，可以求出缠双臂的蛇最少要2米长。"

爱数王子一竖大拇指："真是好样的！"

两人正往前走，突然从路旁闪出一个人来。此人有50多岁，头发和胡子都挺长，左手拿一个酒瓶子，右手拿一个钱袋，最奇怪的是，他身上穿着一件与他的外貌非常不相称的华丽长袍。他伸双手拦住了白马。

爱数王子很客气地问："老人家，您有事吗？"

"有事，有事，有大事！没事我拦你干吗？"说完他喝了一口酒，"我是一名老裁缝，前些日子被鬼算国王雇用，让我给他做一件国王穿的长袍，年薪是120个金币。我用了7个月的时间给他做好了长袍，他说我做得不好，就把我解雇了。"

"他给了您一年的薪水？"

"哪有的事！"老裁缝有点儿激动，"鬼算国王说，你只干了7个月，我给你60个金币，还差你一点儿薪水。你把这件长袍拿去卖掉，卖价恰好是差你薪水的100倍，不多，也不能少。卖出后，我会把差你的薪水补给你。"

杜鲁克好奇地问："您卖掉了吗？"

"卖掉？"老裁缝生气地说，"我问鬼算国王，谁买得起这么贵重的长袍？他嘿嘿一笑，让我把这件长袍穿上，到北边的大道上等着，见到一位骑白马的王子，他肯定买得起这件长袍。"

"鬼算国王又给我设了一道关。"爱数王子苦笑着摇了摇头，"看来我需要首先算出来，这件长袍鬼算国王要你卖多少钱。"

"对，就是这个理儿！"老裁缝说。

可是这个问题从哪儿着手算呢？爱数王子转头看着杜鲁克。

杜鲁克心知肚明，这时他必须挺身而出："鬼算国王说，老人家的年薪是120个金币，每月合10个金币，干了7个月，应得70个金币，可是鬼算国王只给了你60个金币。往下王子你接着算吧！"

爱数王子说："鬼算国王还差你10个金币，而10个金币的100倍就是1000个金币。哇！一件长袍要1000个金币，是纯金打造的？"

"这件长袍值1000个金币？这纯粹是讹人！"老

裁缝边说边脱下长袍，把长袍递给爱数王子，"不管值不值，这件长袍归你了，你给我1000个金币吧！"

爱数王子双手一摊："我是和鬼算国王出来打猎的，身上一个金币也没带，哪里去弄1000个金币？"

"堂堂一名王子，口袋里连1000个金币都没有，真可怜！这样吧，你把这件长袍穿上，让我看看合适不合适？别忘了，这件长袍是我做的。"

"好吧，我穿给你看看。"爱数王子接过长袍，穿了上去。

"嗯，不错，不错。"老裁缝左看看，右看看，又走上前去，揪揪长袍的这儿，拉拉长袍的那儿。他在衣领处摸到一个绳子头，拉住用力一拽，奇怪的事情发生了：长袍快速收缩，把爱数王子捆了个结结实实。原来长袍里面从下到上螺旋状隐藏着一条绳子，用力拽绳子的一端，绳子就会在长袍里面紧缩，相当于用一条绳子把穿长袍的人从上到下地捆了起来。

"啊！"爱数王子大吃一惊。

"哈哈，俗话说，智者千虑，必有一失。上当了吧？让有眼不识泰山的人看看我的庐山真面目吧！"

说完，老裁缝摘掉了长发和胡子。啊？原来是鬼算王子！

鬼算王子非常得意，他招招手，走来4名鬼算王国的士兵。他对士兵说："今天我们抓到的，一个是大名鼎鼎的爱数王子，一个是诡计多端的数学小子。你们把爱数王子的长袍给脱了，白马和弓箭没收。既然他们都喜欢数学，你们就把他们送进'生死数学宫'。他俩是生是死，就看他俩的数学水平了。哈哈——"

生死数学宫

　　士兵押着爱数王子和杜鲁克来到一座很大的宫殿前，只见匾额上写有五个大字：生死数学宫。大门上写着：第一宫——快速死亡宫。

　　门的两侧还有一副对联：数学急转弯，生死一瞬间。

　　士兵说："这是我们鬼算国王用了三年时间精心设计的宫殿。这是第一宫，里面有许多道关卡，每个关卡都有一道数学题，必须在一分钟内把数学题正确解答出来，否则必死无疑！所以叫作'快速死亡宫'。也就一分钟的事，进去吧！"说完士兵把两人推进了数学宫，咣当一声把大门关上了。

　　门里还有二道门。大门紧闭，门上有一排电钮，电钮是从0到9，一共10个。电钮下面写着几行字：

开门的密码是笨笨笨笨笨笨笨笨笨，
其中：

$$\begin{array}{r}
笨爱数王子不会开 \\
\times \qquad\qquad 开 \\
\hline
笨笨笨笨笨笨笨笨笨
\end{array}$$

爱数王子看罢怒火中烧："竟敢说我笨？这是对我的极大侮辱！"说着唰的一声拔出了佩剑，想涂掉这几行字。

"要不得，要不得！"杜鲁克赶紧上前把王子拦住，"涂掉了这几行字，说明咱们不会解这道题，按照生死数学宫的规矩，不会答的，必死无疑呀！"

爱数王子一听，是这个理儿，又把佩剑收了回去："你说这题，一个数字也没有，怎么解呀？而且还要一分钟内答出来，不可能！"

杜鲁克说："电钮只有从0到9这10个数字，一个文字也没有，而题目中全是文字，一个数字也没有，说明这里的每个文字都代表一个数字。"

"对！"

"我过去曾做过一道类似的题目。"杜鲁克写出一
道题：

$$12345679$$
$$\times \qquad 9$$
$$\overline{111111111}$$

"对！就是这样。'笨'字代表的就是'1'。"爱数王子十分激动，他赶紧跑到电钮前，一连按了九下"1"。

一阵音乐声响过，门自动打开了。

"噢——第一道关过了！"杜鲁克连蹦带跳地进去了。

杜鲁克高兴得太早了，进了二道门，里面就是三道门，而且三道门不是一个门，是并列着的三个门。

门的上方分别标着1号、2号、3号，还有文字：1号门上写着"2号门不是生门"，2号门上写着"这个门不是生门"，3号门上写着"2号门是生门"。

门旁边有一行注释：

三个门，三句话，只有一句真话。只有进生门才能活！

爱数王子紧锁双眉摇摇头："这是叫咱俩过生死门哪！也对，生死数学宫里哪能没有生死门哪！"

杜鲁克说："看来这三个门中只有一个是生门，另两个都是死门。"

"一个门上写着'2号门不是生门'，另一个门上写着'2号门是生门'。究竟哪句话是真话？只有一分钟的时间，这可怎么好?"爱数王子急得抓耳挠腮。

"别着急!"杜鲁克分析，"三句话中，只有一句真话。1号门上写的和3号门上写的正好相反。其中必有一句真话。"

"对!"

"可以肯定2号门上写的一定是假话!"

"2号门说自己这个门不是生门，一定是假的，它一定是生门!"说完爱数王子跑到2号门前，砰的一声把门踢开了。

"进生门喽!"两人欢呼着往里跑。

走出迷宫

两人刚刚进了门，只听轰隆一声，门自动关上了。屋里漆黑一片，两个人在屋里到处乱摸，同时摸到一个大的木头台子。这时屋子里的灯一下子亮了起来。他们发现，木头台子下有一个木头人。

两人抬出木头人，发现上面画着一个大圆，大圆的边缘有12个按钮，其中有一个是大按钮。

大圆下面有一行字："大圆中有12个按钮，从大按钮开始顺时针数按钮，数到500的按钮，是救命的按钮。"

爱数王子说："咱们开始数吧！"

"不成！等你数到500，一分钟的时间早过了。"

"不数又能怎么办？"

"我来做个运算。"杜鲁克开始计算：

$$500 \div 12 = 41 \cdots\cdots 8$$

"从大按钮开始顺时针数，数到8，按下这个按钮。"

爱数王子按照杜鲁克说的做，只听吱的一声，木头台子移开了，露出了地道入口。

杜鲁克高兴极了："这就是出口，咱们从这儿出去。"说着就要下地道。

"慢着！"爱数王子一把拉住了杜鲁克，"你先给我说说，你刚才的计算是怎么回事？"

"顺着大圆转一圈，要数12个按钮。你数500实际上是转了41圈再数8个按钮。咱们要找到的是最后的那个按钮，前面那41圈是白转圈，是瞎耽误工夫。"

爱数王子点点头："明白了，只数最后的8个按钮就够了。走，下地道！"

两人进入了地下室，往前走着走着，发现前面是堵死的，走不通。

两人掉头往回走，又看到一条通道，顺着这条通道走哇走哇，又是一条死胡同，只好再掉头往回走……两人总是遇到一条又一条死胡同，最后又转回出发时的入口处。

杜鲁克走不动了。他一屁股坐在地上，大口喘着粗气："不走了，快累死我了！我看鬼算国王设计的这个迷宫根本就走不出去，转来转去又转回来了，他是想把咱俩活活困死在这里面！"

提到"迷宫"，爱数王子来了精神，他说："你坐在这儿歇歇，我给你讲个有关迷宫的故事。古希腊的克里特岛上有一个王国，国王叫作米诺斯。不知怎么搞的，他的王后生下了一个半人半牛的怪物，起名叫米诺陶。王后为了保护这个怪物的安全，请古希腊最卓越的建筑师代达罗斯建造了一座迷宫。迷宫里有数以百计的狭窄、弯曲、幽深的小路和高高矮矮的阶梯，不熟悉路径的人一走进迷宫就会迷失方向，别想走出来。"

"这和咱俩现在走的迷宫差不多呀！"

"是呀！王后就是把怪物米诺陶藏在这座迷宫里。米诺陶是靠吃人为生的，它吃掉所有在迷宫里迷了路的人。"

"哇！真可怕！这里会不会有吃人的怪物？"

"你听我讲，别打岔。米诺斯国王还强迫雅典人每9年进贡7个童男和7个童女，供米诺陶吞食。米诺陶成了雅典人的一大灾害。"

"难道就没人出来管一管，消灭这个大怪物？"

"有。当米诺斯派使者第三次去雅典索要童男童女时，年轻的雅典王子提修斯决心为民除害，除掉米诺陶。提修斯自告奋勇充当一名童男，和其他13名童男童女一起去克里特岛。"

"提修斯好样的！提修斯万岁！"杜鲁克听得入了神，"后来呢？"

"提修斯一行被带去见米诺斯国王，公主阿里阿德尼爱上了正义勇敢的提修斯。她偷偷送给提修斯一个线团，让他进迷宫前，把线团的一端拴在门口，然后一边往里走一边放线。公主又送给他一把魔剑，用来击败米诺陶。"

"公主好样的！这叫大义灭亲！后来呢？"

"提修斯带领13名童男童女勇敢地走进迷宫，他边走边放线，终于在迷宫深处找到了怪物米诺陶。经过一番激烈的搏斗，他除掉了怪物米诺陶，为民除了害。13名童男童女担心出不了迷宫，会困死在里面。提修斯带领他们顺着放出来的线，很容易找到了出口。"

杜鲁克一竖大拇指，夸奖道："聪明！绝顶聪明！可是，咱们这儿有王子，却没有公主；有弓箭，却没有线团，还是出不去呀！"

"不要紧。"爱数王子胸有成竹，"上面这个故事，是我小时候父王给我讲的。父王还教给我走出迷宫的方法。"

"你怎么不早说呢？害得我和你没完没了地转圈，腿都走直了！"

"你原来也不是罗圈腿呀？"爱数王子笑着说，"方法我给忘了，刚刚才想起来。"

"快说，怎么个走法？"

"有两条：第一条，往前走，如果遇到死胡同，就马上原路返回，并做个记号；第二条，如果遇到岔路口，观察是否有没走过的通道，如有，沿这条通道往前走，如走不通就退回原来的岔路口，并做个记号，

继续找没有走过的通道。"

"明白！"杜鲁克来了精神，他捡了几个小石子，爱数王子在后面紧跟。他俩从入口A点往前走，走到B点，发现是死胡同，就原路返回；又走到了C，这是个岔路口，有向南及向北两条通道可以选择，他俩选择向北走，走到D，又是一条死胡同，原路退回到C点，在向北这条路口放上一个小石子，再继续向南走。

虽然在B点、D点、F点都遇到了死胡同，但是他俩用这种方法，终于从K点走出了迷宫。

啪！两人相互一击掌："咱俩终于走出迷宫了！"

数学家的年龄

出了迷宫，两人高兴地往前走。前面又出现一个大门。

刚一进门，门后闪出两名鬼算王国的士兵，他们手中各拿一杆长枪，拦住了他俩。

一名士兵说："这里面记载着一两千年前的大数学家，既然是数学家，他们出的问题就要难一点儿。鬼算国王交代过，解答这里面的问题，不限时一分钟了。但是规矩还是一样，答对了继续往前走，如果答错了，我们立即将你们处死！请！"

杜鲁克和爱数王子对视了一下，往前走去。

没走多远，两人看到前面有一座墓，墓碑上写着：古希腊数学家丢番图之墓。右边立着一个牌子，牌子上写着：

丢番图的墓志铭

过路的人，这儿埋葬着丢番图。请计算下列题目，便可知他一生经过了多少寒暑。他一生的六分之一是幸福的童年，十二分之一是无忧无虑的少年。再过去一生的七分之一，他建立了幸福的家庭。五年后儿子出生，不料儿子却先其父四年而终，享年只有父亲一半的年龄。晚年丧子，老人真可怜，悲痛之中度过了风烛残年。请你算一算，丢番图活了多大才和死神见面？

"丢番图是古希腊大数学家，生活的年代距今已有两千多年。他对代数学的发展做出过巨大的贡献，后世称他为'代数学的鼻祖'。他的墓志铭是古希腊大诗人麦特罗尔写的。"杜鲁克对爱数王子说。他说着说着一把鼻涕一把眼泪地哭了起来。

爱数王子忙问："我说数学小子，你怎么哭了？"

"这么伟大的数学家晚年却这样凄惨，太让人难过

了。"杜鲁克说完又呜
呜哭起来了。

爱数王子安慰说：
"别哭了，都过去两千
多年了。咱俩还是赶
紧把丢番图活了多大
岁数算出来吧！"

"对！"杜鲁克这时
才想起自己在生死数
学宫中，随时都受着
死神的威胁。

"既然丢番图是'代数学的鼻祖'，我想这个问题
用方程来解，肯定更容易些。"杜鲁克开始解题，"设
丢番图活了x岁，那么，童年就是$\frac{x}{6}$年，少年时代就
是$\frac{x}{12}$年，过去了$\frac{x}{7}$年建立了家庭，儿子活了$\frac{x}{2}$岁。
按照题目条件可以列出方程：

$$\frac{x}{6} + \frac{x}{12} + \frac{x}{7} + 5 + \frac{x}{2} + 4 = x。$$

"我来解这个方程。"爱数王子自告奋勇。

$$\frac{14x + 7x + 12x + 42x}{84} + 9 = x$$

$$\frac{75}{84}x + 9 = x$$

$$x - \frac{75}{84}x = 9$$

$$\frac{9}{84}x = 9$$

$$x = 84$$

"算出来啦！丢番图活了84岁！"爱数王子惊叹道，"高寿！"

杜鲁克笑嘻嘻地说："哈哈——咱们答对了，继续往前走吧！"

遇到了牲口贩子

两人正往前走，突然听到"嘚——驾"赶牲口的声音。只见一名古希腊人打扮的牲口贩子，赶着一头驴和一头骡子朝他俩走来。驴和骡子的背上都驮着口袋，两头牲口一边走一边争吵。

"二位别走，帮帮忙。"这位古代牲口贩子拦住了爱数王子和杜鲁克。

杜鲁克好奇地问："您今年高寿？"

"还小，两千多岁吧！"

"啊！两千多岁还小哇？"杜鲁克的嘴张得老大，舌头吐出挺长，"您有什么事？"

"咳！别提了。"牲口贩子叹了一口气，"这一路上，驴和骡子就不停地争吵。"

"它们争吵，您听得懂吗？"

"当然，当然。我和它俩相处有20多年了，它们说什么，我全听得懂。"

"真了不起！"杜鲁克佩服得连连点头，"那它俩争吵什么呢？"

"是驴不好！它一路上不停地埋怨，说自己驮的口袋多，太重，压得受不了。"

"骡子说什么？"

"骡子说，你发什么牢骚哇？我驮的口袋比你的更多，分量更重。如果把你背上的口袋给我一个，我背上的口袋数比你多一倍；而如果把我背上的口袋给你一个，你我背上的口袋数一样多。"

杜鲁克问："我们俩能帮您什么呢？"

"你们帮忙给算算，驴和骡子背上各有几个口袋？"

"咳！"爱数王子笑着说，"你亲自数数它俩背上各有几只口袋，不就完了嘛！"

"数数？不行，不行。"牲口贩子连连摆手，"我家主人是希腊的数学家，这驴和骡子从小就喜欢数学，你要不给它们算出来，它们不承认！"

"哈哈——"杜鲁克听了笑得前仰后合，"这驴和骡子也喜欢数学，我还第一次听说。这么说，我们要不好好学习数学，恐怕连驴和骡子都赶不上了！哈哈——"

爱数王子说："别笑了，咱俩赶紧解题，走出生死数学宫，好早日返回爱数王国呀！"

"对！对!"杜鲁克立刻止住了笑。

"我来解这个问题。"爱数王子自告奋勇，"由于把骡子背上的口袋给驴一个，它俩背上的口袋数就相等了，可以肯定，骡子背上的口袋比驴多2个。"

"对极了！"杜鲁克连连鼓掌。

爱数王子得到了鼓励，更有信心了："我算出来了，驴背上有1个口袋，骡子背上有3个口袋，骡子比驴恰好多2个口袋。"

爱数王子刚刚说完，也不知从哪儿蹿出来两名鬼算王国的士兵，手中各拿一把鬼头大刀，架在了爱数王子和杜鲁克的脖子上。

爱数王子惊问："你们要干什么?"

一名士兵说："一进生死数学宫就告诉过你们，答对了问题可以继续前进，答错了要立即处死!"

"慢!"杜鲁克说，"爱数王子是逗你们玩的，这么容易的问题，我们爱数王子能不会做？他是不想跟你们一般见识，做这么简单的题目。"

两名士兵一想也有道理，就对杜鲁克说："那你快做!"

"你先把刀放下。"杜鲁克把架在脖子上的大刀推开，对这名士兵说，"我问你，刚才爱数王子说的'骡子背上的口袋比驴多2个'，你承认不承认?"

士兵点点头："承认。"

"好!"杜鲁克又问，"如果驴把背上的口袋给骡子1个，你说，这时骡子背上比驴背上多几个口袋?"

"3个。"

"3个？鬼算国王平时是怎样教你们数学的?"杜鲁克在地上画图，"你看，AB 表示的是骡子驮的口袋数，CD 表示的是驴驮的口袋数，骡子比驴多2个口袋。如果驴给骡子1只口袋，驴就剩下 CE 了，而骡子再增加1口袋，就变成 AF 了。你说 AF 比 CE 多几个口袋?"

骡子驮的口袋数 A |1口袋| 2口袋 |1口袋| B F

驴驮的口袋数 C E D |1口袋|

"应该是4个。"

"你真是一点就通！"杜鲁克拍着这名士兵的肩膀夸奖说，"你开始说是3个，错了！

杜鲁克继续问："如果驴把背上的口袋给骡子1个，骡子背上的口袋就比驴多1倍，也就是说骡子背上的口袋是驴背上的口袋的2倍。从图上看，AF就是CE的2倍，CE就是4个口袋，对不对？"

"对，对，我看明白了。"士兵连连点头。

"记住！老师常和我们说，做数学题要画示意图。示意图能直观地帮助我们理解题意。"杜鲁克说，"CD表示驴驮的口袋数，是4+1=5；AB表示骡子驮的口袋数，是5+2=7。解出来了，驴原来驮5个口袋，骡子原来驮7个口袋。"

两名士兵听到杜鲁克的正确答案，马上收起了鬼头大刀，一前一后排好队，喊着"一二一"的口号，迈着整齐的步伐离去。

爱数王子抹了一下头上的汗："真悬哪！"

"我看出来了。鬼算王国的士兵在暗处，一直偷偷地监视着咱俩。咱俩把题目答对了，他们不出来，让咱俩继续前进；一旦答错了，他们立刻蹿出来，要处死咱俩。"杜鲁克一跺脚，"哼，鬼算国王真够坏的！"

七个俄罗斯老头儿

告别了古代牲口贩子，两人继续往前走，突然跑来了七个穿着古代俄罗斯服装的老头儿，他们每人手中都拿着七根手杖。每根手杖上都挂着许多竹篮、鸟笼子，笼子里的麻雀叽叽喳喳乱叫，好不热闹。七个老头儿手拉手围成一个圈，把爱数王子和杜鲁克围在了中间。

不知谁喊了声口令，七个老头儿开始跳俄罗斯民间舞蹈，又唱起了俄罗斯民歌。

杜鲁克经常听爷爷奶奶唱苏联的《喀秋莎》《红莓花儿开》等歌曲，对俄罗斯歌曲的旋律很熟。他不由得和着旋律跳了起来。

一曲舞蹈结束，老头儿们齐喊："哈罗绍！"（俄语"好"的意思。）

爱数王子一抱拳："不知各位老人家有什么事？"

"我说！""我说！"……七个老头儿抢着说。

"不忙，不忙。咱们找一位代表来说。"爱数王子一指个头儿最高的老头儿，"您来说说。"

"哎——还是我来说吧。"这个老头儿很得意，"我们有个问题，多少年了，一直弄不清楚。我们七个老头儿是最要好的朋友，用你们现在的话说，就是'铁哥们儿'！每天都在一起，穿的一样，吃的一样，用的也一样。"

杜鲁克把他们上下打量了一番，然后点点头："嗯，是这么回事！够铁的。"

老头儿一举手中的手杖："我们每人手中都有七根手杖，每根手杖上都有七个树杈，每个树杈上都挂着七个竹篮，每个竹篮里都有七个鸟笼子，每个鸟笼子里都有七只麻雀，我们一直就弄不清楚：我们和这些手杖、树杈、竹篮、鸟笼子和麻雀全加在一起，总共有多少?"

另一个老头儿插话："听说你们俩，一个是爱数王子，一个是数学小子，今天我们是找对人了，就请你们两人给算算吧！"

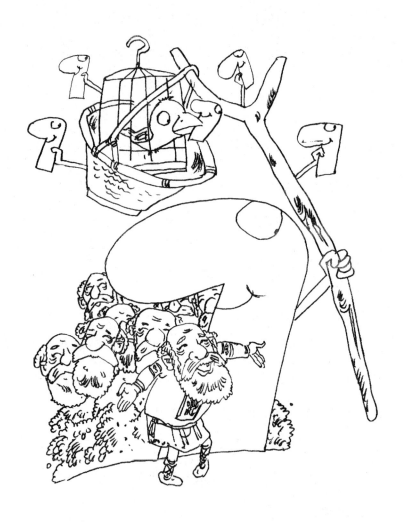

"这——"爱数王子有点儿傻眼了。

杜鲁克赶紧出来打圆场:"咱们先把每一项有多少写出来。"他边说边写,"老人数是7,手杖数是7×

7，树杈数是7×7×7，竹篮数是7×7×7×7，鸟笼子数是7×7×7×7×7，麻雀数是7×7×7×7×7×7，最后把它们加起来，不就完了嘛！"

爱数王子摇摇头："你说得轻快！这么多个7相乘，再相加，怎么算哪？"

"老师给我们讲过，数学的一个特点是简化。可以先把同一个数连乘写成幂的形式。比如，7×7写成7^2，7×7×7写成7^3，7×7×7×7写成7^4，等等。"

"也就是说，一个数右上角的数字，表示有几个相同的数字相乘。"爱数王子的接受能力很强，他写出：

$$总和 S = 7^1 + 7^2 + 7^3 + 7^4 + 7^5 + 7^6$$

"来，我先把每个幂是多少算出来。"爱数王子来劲儿了。

"别！那么做多麻烦哪！我教你一个简单的方法。"杜鲁克开始做：

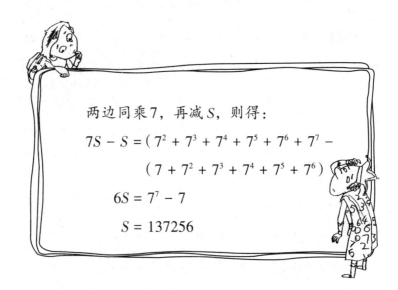

两边同乘 7，再减 S，则得：

$$7S - S = (7^2 + 7^3 + 7^4 + 7^5 + 7^6 + 7^7 - (7 + 7^2 + 7^3 + 7^4 + 7^5 + 7^6)$$

$$6S = 7^7 - 7$$

$$S = 137256$$

杜鲁克宣布："我算出来了，总共是137256。"

"这么多？"爱数王子非常吃惊。

"还有更让你吃惊的呢！"杜鲁克说，"我算了一下，麻雀共有117649只，按每只麻雀20克算，麻雀的质量有两吨多。七个老头儿都提着两吨多的麻雀遛弯儿，这要费多大的劲儿啊！哈哈——"

一个老头儿说："哈罗绍！你们算出来了，就赶紧往前走，我们有多大的劲儿，你就别管了！"说完七个老头儿手拉手，唱着动听的俄罗斯民歌离开了。

杜鲁克左右看了看："咱俩赶紧赶路。"

一个牧羊娃

两人没走多远，就听见前面响起了啪啪的抽鞭子声。

杜鲁克一惊："听！谁在抽鞭子?!"

爱数王子忙把佩剑拔了出来，自己走在前面，掩护着杜鲁克。

"嘻嘻——"又传来一阵银铃般的笑声。两人紧走几步，看见前面的一棵树上坐着一个小牧童，下身穿黑色的裤子，上身穿小背心，手里拿着一条皮鞭，不停地往空中抽着玩。树下面有一群羊在吃草，不断地发出"咩——"的叫声。

杜鲁克看见这个小孩感到分外亲切，他大声叫道："喂，小朋友，你在干什么呢？你叫什么名字?"

小孩并不正面回答，而是唱了一首民谣：

我叫王小良，放牧一群羊；

问我羊几只，请你细细想：

头数加只数，只数减头数，

只数乘头数，只数除头数，

四数连相加，正好一百数。

如果答不出，别想去别处！

"有点儿意思！"杜鲁克听了连连拍手。

"你还有心思拍手哇？你看这个小牧童出的这道题，又加，又减，又乘，又除，有多难！"爱数王子埋怨说，"做不出来，可别想走！"

"哈哈——"杜鲁克还是笑，"我们要是做出来，就能顺利回家了。"

"这加、减、乘、除四种运算，应该先考虑哪种运算？"

杜鲁克考虑了一下："首先弄清楚，头数和只数其实是一码事。这样只数减头数就是只数减只数，应该得多少？"

"0。"

"只数除头数呢?"

"得1。"

"头数加只数是——"

"我想一下,唔——应该是2倍的只数。"

"这样一来,'四数连相加,正好一百数'就剩两个数不知道了。咱们写出来。"杜鲁克写出:

头数加只数+只数减头数+只数乘头数+

只数除头数=100

2乘只数+0+只数乘只数+1=100

只数乘只数+2乘只数=99

爱数王子抢着说："我知道答案了,是9只。你看9×9+2×9=81+18=99。正好合适!"

"1,2,3,4,……9,不多不少正好9只。王子做对了!"杜鲁克很高兴。

突然一阵脚步嘈杂,人声鼎沸。有人大喊:"抢羊啦!抢羊啦!今天晚上可以吃烤全羊啦!"

喊声刚过,就看到跑来几个扎着头巾的强盗,个个长得五大三粗,后背上都插着一把厚背大砍刀。还有几只凶狠无比的大狼狗,跟在他们身后。

"怎么办?"杜鲁克为小牧童着急了。

"想吃我放的羊?没门儿!你先要问问我的皮鞭,看它答应不答应。"小牧童站在树杈上抡起了皮鞭,照着领头的强盗就是一鞭子。"哎呀!"领头的强盗捂着脸倒在了地上。

小牧童抡圆了皮鞭,"啪啪啪"一连几鞭,把那几个强盗抽得东翻西滚，乱作一团。

"好，好，打得好！"看到这个情景，杜鲁克乐坏了。

领头的强盗一看不是对手，打了个口哨大叫："弟兄们，烤全羊先不吃了，撤！"

连强盗带狗呼啦啦全跑了。

"王小良真棒！王小良棒得不得了！"杜鲁克对小牧童佩服得五体投地。

他突然想起了什么："我说爱数王子，你刚才看清楚有几个强盗、几只狗了吗?"

爱数王子摇摇头："我只顾欣赏王小良的鞭法，忘了数了。"

"嘻嘻，我知道。"小牧童又唱了一首民谣：

一队强盗一队狗，

两队并作一队走。

数头一共只有九，

数脚却有二十六。

算算有几个强盗几只狗?

"这个问题，应该从哪儿入手考虑呢?"爱数王子又陷入思考之中。

杜鲁克提示："假如9个头都是强盗的，应该只有18条腿。现在是26条腿，多出来8条腿。"

"我知道，因为狗是4条腿，现在多出来8条腿，说明有4只狗，强盗就有5个了。验算一下，4+5=9，4×4+2×5=26，正好是9个头，26条腿。哈，我算出来啦!"爱数王子真高兴。

"我说，这鬼算国王真够坏的!"杜鲁克明白过来了，"这一关本来只有算羊数一道题，这又添加了强盗和狗，咱们多做了一道题!"

"多做一道题，还多一次练习数学的机会，没什么不好。"爱数王子心地善良，总往好处想。

"嘿!你倒想得开。这是咱们把题目做对了，平安无事。假如做错了呢?咱俩就回不了家啦!你以为闹着玩呢?"杜鲁克却一肚子气。

爱数王子看杜鲁克正在气头上，也不搭话，催促道："那咱俩快走吧!"

"不成！"杜鲁克反而不想走了，"王小良鞭法高超，我很想学一下。"

　　说着杜鲁克跑到树下，双手抱拳，单腿下跪："杜鲁克想拜您为师，学习鞭法！"

　　王小良吓了一跳，急忙从树上跳了下来扶起杜鲁克："请起，我不敢当！"

　　王小良看杜鲁克如此有决心，就教了他一套鞭法。杜鲁克十分聪慧，一学就会，几次下来，鞭法已经练得有模有样了。

　　王小良看了十分高兴："你学得很好，我把这条皮鞭送给你做防身之用吧！"

　　杜鲁克接过皮鞭，谢过师傅，把皮鞭往腰上一缠，向王小良一抱拳："师傅，咱们后会有期！"说完头也不回地往前走去。

　　"等等，还有我呢！"爱数王子赶紧跟上。

追风巨人

两人继续往前闯关，突然听到一阵吵架声。杜鲁克喜欢热闹，就循声走去。原来是三名阿拉伯人正在争吵。

第一个阿拉伯人说："这羊我会分!"

第二个说："你会分，你怎么分不出来?"

第三个说："咱们谁也不会分，因为根本就没法分!"

杜鲁克走上前好奇地问："怎么就没法分哪?"

"我说。""我说。""我说!"三个人抢着说。

杜鲁克仔细打量这三个阿拉伯人，发现他们长得很像。其中一个阿拉伯人看出了杜鲁克的疑惑，忙解释说："是这么回事，我们三人是亲兄弟，我是老大叫阿凡提，这是老二买买提，他是老三没法提。"

"没法提? 还有叫这个名字的? 哈哈——真新鲜!"

杜鲁克又捡到乐了，"你们虽说有了没法提，还是解决不了没法分的问题呀！"

"对呀！"阿凡提说，"我父亲昨天去世了，留下了17只羊。父亲临终时交代我们，要按比例来分这17只羊。我分 $\frac{1}{2}$，买买提分 $\frac{1}{3}$，没法提还没成家，只分 $\frac{1}{9}$。并特别嘱咐我们哥仨，在分羊时不许宰羊！"

买买提说："不许宰羊，根本就没法分。从昨天到今天，分了整整一天了，也没分出来。"

"他们俩都有老婆送饭来，我光棍一条，到现在还没吃上一口饭呢！分不出来，我也不能走，饿死我了！"看来没法提最惨了。

杜鲁克的口袋里还藏有一个从"刁小三私家菜馆"拿的烧饼，他取出来递给了没法提："你最小，先吃个烧饼压压饿。"

"没法分！""真没法分！"阿凡提和买买提还坚持说分不了。

爱数王子也摇摇头说："这17是一个质数，不能被2、3、9整除。是没法分哪！"

杜鲁克想了一下，对阿凡提说："这地方你熟悉，你去借一只羊来。"

"借一只羊？好办，好办。"阿凡提一路小跑走了。

不多会儿，阿凡提牵着一只羊回来了。

杜鲁克一看，来精神了："那我开始分羊了：

$$阿凡提分 18 \times \frac{1}{2} = 9（只）$$

$$买买提分 18 \times \frac{1}{3} = 6 （只）$$

$$没法提分 18 \times \frac{1}{9} = 2 （只）$$

"分完了，各自牵着羊回家吧！"

"慢着！"阿凡提说，"父亲只留给我们17只羊，你怎么按18只羊来分哪？你把我借来的羊也分了，我怎么还人家？"

"嘻嘻！"杜鲁克乐了，"谁说我把借来的羊也分了？你把你们兄弟仨分得的羊加起来，看看是多少？"

没法提动作快，他列了一个算式：9+6+2=17。

"哎，一共是17只，没分借来的那只羊！"没法提一竖大拇指，"小伙子，你真成！"

"分完了还剩一只羊，阿凡提你把这只羊还给人家吧！"杜鲁克左右看看，没有发现鬼算王国的士兵。他说："王子，咱们做对了，又过了一关，快走！"

阿凡提、买买提、没法提兄弟三人排成一排，右手放在胸前，向杜鲁克鞠躬致谢。

杜鲁克和爱数王子沿着唯一的一条路往前走，看见了一座大院子，里面传出哗哗的流水声。走进院子一看，院子中间有一个大水池，水池里面有一个巨大的铜像。铜像足有4米高，从穿着打扮上看，铜像是个古希腊人。最奇特的是，这个人只有一只眼睛，它的独眼、口和手都往外流水。

杜鲁克围着水池子转了一圈，他悄悄对爱数王子说："怪呀，这个院子怎么只有一个门，难道让咱俩再从原路返回去？"

还没等爱数王子答话，只听吱的一声，这唯一的门也关上了。

"得！这下子咱俩甭出去了！"杜鲁克开始有点儿紧张。

突然，独眼铜人开口说话了：

我是一座独眼巨人的铜像。

雕塑家技艺高超，

铜像中巧设机关：

我的手、口和独眼，

都连接着大小水管；

通过手的水管，

三天流满水池；

通过独眼的水管，

只需要一天；

从口中吐出的水更快，

五分之二天就足够。

三处同时开，

水池几时流满？

杜鲁克点点头："还是一首诗呀！"

"这个独眼巨人说话的声音好熟悉呀！"爱数王子产生了怀疑。

"不可能！"杜鲁克脑袋摇得像拨浪鼓，"两千年前的古希腊人，你能认识？"

"解答这样的问题用什么方法最简单？"

"用方程。"杜鲁克开始解答，"设水池的容积为1，三管同时开，流满水池所需要的时间为x。"

爱数王子接着算："下面应该分别求出手、口、独眼单位时间的流水量。由于通过手的水管，三天流满水池，那么手一天可以流 $\frac{1}{3}$ 水池；通过独眼的水管，需要一天，那么独眼一天可以流 1 水池；从口中吐出的水更快，五分之二天就足够，那么口一天可以流 $\frac{5}{2}$ 水池。"

"正确！"杜鲁克开始列方程：

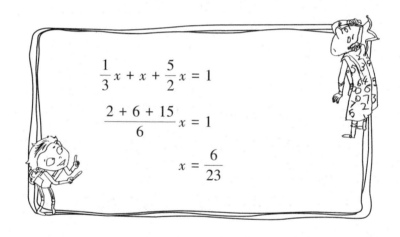

$$\frac{1}{3}x + x + \frac{5}{2}x = 1$$

$$\frac{2 + 6 + 15}{6}x = 1$$

$$x = \frac{6}{23}$$

杜鲁克左右看看，没有发现鬼算王国的士兵，知道自己算对了。他对爱数王子说："王子，咱们出去吧！"

独眼巨人突然说话了："出去？上哪儿去呀？这是生死数学宫的最后一站，也是你们俩的葬身之地。你们和这个世界永别吧！爱数王国归我了，哈哈——"

他俩一看，巨人变成了鬼算国王。他狂笑不止，三根水管猛然加大了出水量，水迅速往上涨，水池一会儿就满了。

水已经没到杜鲁克的腰了。杜鲁克紧张地说："水涨得这么快，我又不会游泳，一会儿非把我淹死不可。"

"不用怕，我的游泳技术很好，有我在，没事！"爱数王子安慰他。

水涨得飞快，已经淹到杜鲁克的胸前了。

鬼算国王高兴坏了，他一边唱，一边跳："快出水！快出水！"

水已经没过杜鲁克的脖子了，爱数王子用力把他往上托，可是水越涨越快，情况十分危急。在这千钧一发之际，爱数王子急中生智，把手指放进口中，打了一个非常响亮的口哨，只听空中响起"呀——"的叫声，黑色雄鹰和白色雄鹰从天而降，一个抓住爱数王子，一个抓住杜鲁克，然后高高飞起，把他俩带到了院子外面的安全地带。

安顿好王子和杜鲁克，黑色雄鹰又重新飞回院子里，它一个俯冲把鬼算国王像抓小鸡一样抓了起来，又一个俯冲，把鬼算国王扑通一声扔进了水中。

鬼算国王在水中边喊边挣扎："我不会游泳，救命啊！"

爱数王子说："鬼算国王这是自作自受，害人不成反害己！走，咱们终于走出了'生死数学宫'，回家去！"

爱数王子和杜鲁克夺回了白马和弓箭，踏上回爱数王国的归程。

爱数王子回国

　　杜鲁克背好弓箭，两人同骑一匹白马向爱数王国进发。

　　这里距离爱数王国已经很近了，两人没走多远，就听到前面锣鼓喧天。再走近一些，看到无数欢迎的人挥舞着旗帜，高喊着"迎接爱数王子回国"的口

号，好不热闹。

杜鲁克被热情的民众所感动，他扶着王子的肩膀站在了马背上，和人群一起欢呼、一起跳跃。

这时爱数王国的文武百官站了出来，领头的是爱数王国的大臣，他们先向王子敬礼。

王子握住大臣的手问："七八大臣，我父王怎么样了？"

这位七八大臣回答："国王还好，身体在慢慢康复。"

"七八大臣？"杜鲁克好奇怪，"爱数王子，你们的大臣还编号哇？"

"不。"爱数王子解释说，"我们爱数王国，从国王到民众都喜欢数学，他们处处都离不开数学。七八大臣 56 岁，他用 7 和 8 做乘法，7×8=56，所以自称'七八大臣'。"

"噢——是这么回事，有意思！"杜鲁克就喜欢新鲜事，"这么说，明年七八大臣就应该改名字了？"

"对，对。"七八大臣连连点头，"不过，明年改叫什么名字还是个大问题！哪两个数相乘得57呀？"

爱数王子忙说："这件事你不用发愁，这位杜鲁克外号'数学小子'，是数学高手，在数学上遇到什么难题，找他就行了！"

杜鲁克摇摇头："你这事还真不好解决，因为57只能是3和19的乘积，57=3×19，除此以外，再没有哪两个正整数相乘等于57了！"

"啊？"七八大臣很吃惊，"那，我叫什么呢？"

"你——"杜鲁克想了一下，"只好叫'三一九大臣'啦！哈哈，也挺好听！"

突然，一匹快马飞驰而来，"报——"马上一名爱数王国的士兵，手里举着一封信瞬间来到跟前，士兵下马先向爱数王子敬了一个军礼："报告王子，这是鬼算国王下的战书！"

"这么快？"爱数王子打开战书，见上面写道：

尊敬的爱数国王和爱数王子：

由于爱数国王年事已高，体弱多病，已不能管理国家大事，而爱数王子年纪尚小，涉世不深，还承担不了管理国家的重任，我建议爱数国王把爱数王国交给我来管理。我——鬼算国王，年富力强，经验丰富，一定能把贵国管好！如同意，三日内，你们把主权交给我，咱们顺利过渡；如不同意，三日后，我将率领我的精兵强将，对贵国发动进攻，一举将贵国占领，到时候，你们所有人将成为我的阶下囚。两条道路，请选择。

致以

崇高的敬礼

鬼算国王

爱数王国的众大臣看过信之后，个个气得火冒三丈，七八大臣说："鬼算国王没安好心，一直想侵略我国，这次还想威逼我们投降，我们决不答应！"

一员武将跳了出来："兵来将挡，水来土掩，我爱数王国兵强马壮，官兵都有极强的爱国之心。让鬼算王国的官兵有来无回！"

杜鲁克小声问爱数王子："这位将军是——"

"噢，他是我军的司令，叫'五八司令'。"

"不用说，这位司令年方四十，真是年轻有为呀！"

"你做乘法真快！"爱数王子双手抱拳，对杜鲁克说，"看来，一场战争是不可避免了！杜鲁克，我决定任命你为我们爱数王国的参谋长，和我们一起抵抗来犯的敌人，你可愿意？"

"参谋长？那我可胜任不……"杜鲁克本想拒绝，可是看到爱数王子一脸期盼的样子，又把拒绝的话吞了回去，"那我可就恭敬不如从命了！"

"好，痛快！那就等我禀明父王后，请你正式上任了！"爱数王子说完哈哈大笑起来。

01. 数学小故事

益智随身听
走进奇妙的数学营

02. 思维大闯关

数学知识趣味测试题
边玩边学

03. 应用题特训

详解小学经典应用题
提分有诀窍

04. 学习小技巧

找到正确的学习方法
提高学习效率